创新方法系列丛书

创新方法与创新设计

江　帆　陈江栋　戴杰涛　编著

机械工业出版社

本书融合经典 TRIZ 与可拓创新方法，依据创新问题求解过程，构建 IASE（I—识别，A—分析，S—求解，E—评价）创新方法，即将 TRIZ 与可拓法的各种创新工具按照问题识别、分析、求解、评价的各个阶段进行重组，并根据问题类别或学习难度建立工具选择策略。这些创新工具包括发明技巧、技术进化法则、物场分析、功能分析、裁剪、科学效应、资源分析、多屏幕法、金鱼法、小矮人法、STC 算子法，以及可拓建模、拓展分析、可拓变换、优度评价等，并给出专利申请文件准备、创新发明实例等。

本书可作为大学生创新类课程、TRIZ 与可拓创新方法培训课程的教材，也可作为工程技术类人员进行创新培训、创新实践的参考书。

图书在版编目（CIP）数据

创新方法与创新设计/江帆，陈江栋，戴杰涛编著. —北京：机械工业出版社，2019.11

（创新方法系列丛书）

ISBN 978-7-111-63487-4

Ⅰ.①创⋯　Ⅱ.①江⋯　②陈⋯　③戴⋯　Ⅲ.①机械设计-教材　Ⅳ.①TH122

中国版本图书馆 CIP 数据核字（2019）第 180077 号

机械工业出版社（北京市百万庄大街 22 号　邮政编码 100037）
策划编辑：余　皞　责任编辑：余　皞　王海霞　任正一
责任校对：梁　倩　封面设计：张　静
责任印制：孙　炜
保定市中画美凯印刷有限公司印刷
2019 年 11 月第 1 版第 1 次印刷
184mm×260mm·13.25 印张·323 千字
标准书号：ISBN 978-7-111-63487-4
定价：35.00 元

电话服务　　　　　　　　　　　网络服务
客服电话：010-88361066　　　　机　工　官　网：www.cmpbook.com
　　　　　010-88379833　　　　机　工　官　博：weibo.com/cmp1952
　　　　　010-68326294　　　　金　书　网：www.golden-book.com
封底无防伪标均为盗版　　　机工教育服务网：www.cmpedu.com

前　言

创新是推动一个国家和民族向前发展的重要力量。面对全球新一轮科技革命和产业变革的重大机遇，党的十八大提出了"创新驱动发展"，国务院提出了加快实施创新驱动发展战略的若干意见。"大众创业、万众创新"成为国家政策，表明创新已成为人们关注的重点。创新的事业呼唤创新的人才，而培养创新人才是高等学校的重要任务之一，因此在各高等学校开展创新教育显得非常迫切。

创新教育需要创新理论的支持，目前世界上的创新理论多达 300 余种，TRIZ 与可拓创新方法是其中成体系、可操作性强、应用广泛的创新理论。TRIZ 是苏联科学家阿齐舒勒于1946 年提出的发明问题解决理论，揭示了创新思维的扩展与收敛路径，以及创造发明的内在规律和原理，着力于分析和求解系统中存在的矛盾，其目标是完全解决矛盾，获得最终的理想解。运用这一理论，可大大加快人们创造发明的进程，而且能得到高质量的创新产品，至今已应用在设计、研发、制造、安全、可靠性等领域。可拓学是由中国学者蔡文于 1983年提出的一门原创性横断学科，它以形式化的模型为基础，探讨事物拓展的可能性及开拓出新事物的方法，用于解决矛盾问题。可拓创新方法主要通过可拓建模、拓展、变换、优度评价四个步骤获得创意。目前，可拓学已进入许多研究领域并取得了一系列成果。

本书以初学者的视角，融合逻辑式与心理式教材组织的特点，构建了 IASE（问题识别Identification、问题分析 Analysis、问题求解 Solving、方案评价 Evaluation）创新方法。IASE创新方法融合经典 TRIZ 与可拓创新方法，按照创新问题求解过程，将 TRIZ 与可拓法的各种创新工具按照问题识别、分析、求解、评价的四个阶段进行重组，并根据问题类别或学习难度建立工具选择策略。这些创新工具包括发明技巧、技术进化法则、物场分析、功能分析、裁剪、科学效应、资源分析、多屏幕法、金鱼法、小矮人法、STC 算子法，以及可拓建模、拓展分析、可拓变换、优度评价等，并给出专利申请文件准备事宜、创新发明实例等。

本书的具体特色体现在：①创新方法集成，让学生了解更多创新工具及其选择策略，激发学生创新；②以学生生活和专业相关的实例解释创新工具的应用，促进学生的理解与应用；③以 CDIO（C 代表构思，D 代表设计，I 代表实施，O 代表运行）问题驱动创新工具的应用教学，按照 PTPS（Problem 设问、Teaching 讲授、Practice 实践、Summary 总结）组织教学过程，在每个小节的知识点中设置问题，引导学生思考，然后讲解知识点，并辅以专业应用案例，便于学生理解和掌握创新技巧，最后给出练习题，便于学生及时应用创新工具，形成一个学练结合的闭环学习链；④设置了专利申请与规避、创新发明实例的内容，让学生学会保护自己的创新思路与设计方案。

本书由江帆、陈江栋、戴杰涛共同编著。在此感谢陈玉梁、王一军、区嘉洁、吴青凤、萧仲敏、董志权、陈显明、黄尊地、常宁、张斐、田君、卢浩然、何华对本书提供的帮助。

本书是广东省科技计划项目"TRIZ 简化应用方法及案例研究"（2015A030402009）成果的总结，在此非常感谢广东省科技计划项目的资助！本书还得到了广东省应用型人才培养示范专业项目（粤教高函〔2014〕97 号）的资助，以及广东省在线开放课程"创新与发明"（粤教高函〔2017〕214 号、粤教高函〔2019〕28 号）、广州市高校创新创业教育项目"创新与发明课程建设"（项目编号 201709k20）的支持，在此致以深深的谢意！

本书构建融合 TRIZ 与可拓创新方法的 IASE 创新方法，并结合日常生活与设计专业的相关实例进行各创新工具的说明与应用。鉴于编者水平有限，书中难免会出现一些错误，请读者指正，有问题和建议，请发送到邮箱：jiangfan2008@126.com。

编　者

目　录

第1章

绪论

内容摘要：

创新与发明是当代最重要的特征，如何创新与发明是人们急切想要解决的问题，而在这之前，需要清楚什么是创新、什么是发明等基础问题。这里介绍创新与发明的相关概念、创新方法的发展状况、常用的创新方法等，为后续学习如何创新与发明打下基础。

1.1 创新与发明

？ 问题与思考

什么是创新？创新需要方法吗？什么是发明？如何保护发明？

1.1.1 创新的概念

创新（或创造）是人类特有的认识能力和实践能力，是人类主观能动性的高级表现，是推动民族进步和社会发展的不竭动力。"创新"一词在不同的学科（如哲学、社会学、经济学等）中有不同的内涵，总体解释为：人们根据一定的目的和任务，运用一切已知条件，产生新颖、有价值的成果（包括精神的、社会的、物质的成果）的认知和行为活动。创新包括三个层面：更新、创造新的事物、改变。

创新具有五个特性：①目的性，具有一定的目的，并贯穿创新过程的始终；②变革性，是对已有事物的改变和更新；③新颖性，是对现有的不合理事物的摒弃，革除过时的内容，确立新事物；④价值性，有明显的、具体的价值，对社会经济具有一定的效益；⑤超前性，以求新为灵魂，具有从实际出发、实事求是的超前性。

创新的七种主要形式：思维创新、产品创新、技术创新、组织和机制创新、管理创新、营销创新、企业文化创新。根据对外依存程度不同，自主创新分为：①原始创新，以获取科学发现和技术发明为目的；②集成创新，将各种相关技术有机融合，形成新产品；③引进、消化、吸收后再创新。本书主要集中在思维创新、产品创新和技术创新上。

1.1.2 创新方法

想要获得图1-1a所示的零件，需要使用图1-1b所示的机床来加工，说明想要做一件事情，如果有工具的支持，就会相对容易。

古人云："工欲善其事，必先利其器。"说明创新需要创新方法的支持。创新方法是指协助人们实施创新过程的方法或技巧等的总和。

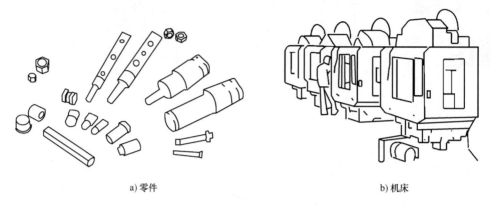

a) 零件　　　　　　　　　　　　　　　　　　b) 机床

图 1-1　零件与机床

1.1.3　发明

发明（图 1-2）是应用自然规律解决技术领域中特有的问题而提出创新性方案、措施的过程和成果。

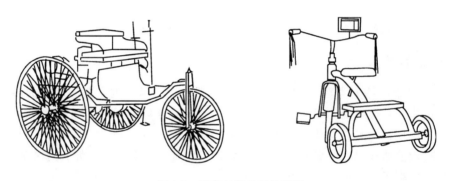

图 1-2　汽车与婴儿车的发明

发明不同于科学发现，发明主要是创造出过去没有的事物，发现主要是揭示未知事物的存在及其属性。

发明是新颖的技术成果，不是单纯仿制已有的器物或重复前人已提出的方案和措施。一项技术成果，如果能在已有技术体系中找到在原理、结构和功能上相同的东西，则不能称为发明。

发明不仅要提供前所未有的东西，而且要提供比以往技术更为先进的东西，即在原理、结构，特别是功能效益上要优于现有技术。发明必须是有应用价值的创新，它有明确的目的性、新颖性、创造性和实用性。发明方案既要反映外部事物的属性、结构和规律，又要体现自身的需要。

发明又有别于实际生产和工程中的现实技术或现场技术。发明要有应用前景和可能应用的技术方案和措施，一项发明能否被应用于生产过程或工程活动中，还取决于它是否能纳入已有的技术系统或引起已有技术系统的革新，以及资金、设备、人力、材料、管理和市场诸方面的条件。有了发明，未必一定有相应的产品或工艺，未必就能解决生产和工程中的实际问题。只有把发明转化为产品研制、工艺试验，转化为技术革新、试生产、批量生产和推广应用，才能成为现实技术。

1.1.4　专利

专利把发明的商品属性以法律形式固定下来，使其成为不得无偿占有的财产，从而保护发明者的利益。专利还要求发明者公开其创造成果以利于他人有偿使用，并把实施发明创造作为专利权人的法律义务，以促进技术信息交流和发明的推广应用。在我国，专利分为发明、实用新型和外观设计三种类型。

1.2　创新方法发展与现状

问题与思考

创新方法从哪里来？创新方法的现状如何？创新方法未来如何发展？

1.2.1　创新方法的发展历程

1912 年，美国经济学家约瑟夫·熊彼特首次提出创新（Innovation）的概念，并认为技术创新是资本主义经济增长的主要动力，由此拉开了创新理论研究的序幕。在分析众多学者研究成果的基础上，发现技术创新方法就是在技术创新过程中，创新主体针对待解决的问题，进行分析→形成新设想→产生新方案→解决问题的系统性方法和策略。

最早的创新方法可追溯到公元 4 世纪的启发法，现已发展到三百多种。这里按照时间顺序，将创新方法的发展历程分为三个阶段：远古研究阶段（公元 4 世纪~19 世纪）、近代研究阶段（20 世纪初~20 世纪 50 年代）、现代研究阶段（20 世纪 60 年代至今）。

1. 创新方法发展的远古研究阶段

古希腊数学家帕普斯在公元 4 世纪提出了"启发法（Heuristics）"，也称探索法，是人们根据一定的经验，在问题空间内进行搜索，寻求解决问题的经验，从而快速解决目标问题的一种方法。启发法的内涵实质上是"单凭经验的方法"、有根据的推测、直觉的判断或者只是常识，典型的启发法是试错法（Trail and Error，也称试探法或试凑法）。这个阶段也发展了逆向思维方法，如田忌赛马、司马光砸缸等故事就体现了逆向思维。1865 年，英国哲学家密尔提出了联想四法则：接近律、类似律、对比律、因果律，进而推动了联想创新方法的发展。

2. 创新方法发展的近代研究阶段

这一阶段，主要的创新方法是头脑风暴法、形态分析法、综摄法、5W-2H 法、检核表法、属性列举法等。1938 年，美国创造学家奥斯本创立了"智力激励法"。1942 年，瑞士天文学家茨维基在火箭研制过程中，利用排列组合原理提出了"形态分析法"。1944 年，美国哈佛大学教授戈登提出了著名的"综摄法"。1954 年，美国内布拉斯大学的克劳福德提出了"属性列举法（或特性列举法）"。1957 年，美国陆军创设了"5W-2H 法"；在 5W-2H 法的基础上，奥斯本进一步发展了检核表法。

3. 创新方法发展的现代研究阶段

这一阶段，主要的创新方法是发明问题解决理论（Theory of Inventive Problem Solving，TRIZ 或 TIPS）、可拓创新方法、中山正和法、信息交合法、六顶思考帽法、公理化设计（Axiomatic Design，AD）法、和田十二法、质量功能展开理论（Quality Function Deployment，QFD）等。1946 年，苏联的阿奇舒勒逐步创立了 TRIZ，成为现在流行的一种重要的创新方法。1953 年，日本管理大师石川馨提出了"原因分析法"（又称鱼骨图、因果图）。1955 年，日本创造学家市川龟久弥提出了"等价转化理论"。1960 年，英国著名心理学家东尼·博赞发明了"思维导图法"。1964 年，美国兰德公司开发出"德尔菲法"。1965 年，日本筑波大学川喜田二郎制定了"KJ 法"（用来提出假说和建立新学说）；1968 年，创造学者中山正和教授提出了"中山正和法"，高桥浩教授对头脑风暴法进行了改进，提出了"CSB 法"；1969 年，片山善治提出"ZK 法"；20 世纪 70 年代，三菱重工神户造船厂开发了 QFD 法。1983 年，我国学者许国泰创设了"信息交合法"（又称为信息反应场法）。1983 年，广东工业大学蔡文研究员创立了可拓学，可解决矛盾问题，并成为一种重要的创新方法。1985 年，上海学者许立言与张福奎合作创设"儿童发明技法"，后经上海和田路小学的应用、推广和完善，称为"和田十二法"。1985 年，英国学者博诺发明了"六顶思考帽法"。1986 年，甘自恒教授创设了"系统综合法"；1988 年，学者赵惠田创设了"集思广益法"；1989 年，天津师范大学的刘仲林教授创设了"臻美技法"；20 世纪 90 年代初，山西创造学家关原成创设了"主体附加法"。1990 年，麻省理工学院教授 Suh 领导的研究小组提出了"AD 法"。1990 年，宋文奎提出了两种新的创新方法，即扩、缩笔记目录分类法（SON 方法）和可变多维形态属性列举法。1994 年，创造学家赵幼仪创设"变元发明法"。1995 年，以色列的阿姆农·列瓦夫在整合 TRIZ 的基础上提出了系统创新思维（Systematic Inventive Thinking，SIT）理论。1996 年，创造学家彭建伯创设"技术反转法"。

1.2.2 创新方法的研究现状

目前，人们对创新方法的研究主要是对已有创新方法的改善。例如，檀润华团队在研究 TRIZ 的基础上，提出了破坏性创新使能技术、集成创新使能技术、渐进性创新使能技术等创新方法；赵敏团队在整合 TRIZ 的基础上提出了 U-TRIZ 理论。还有很多研究者对各类创新方法进行了融合，在国外，Otto 等通过 QFD 将用户需求与设计过程相集成；Lee 提出将 QFD 与 TRIZ 中的冲突矩阵相结合，来解决概念设计中的技术冲突问题；Teminko 将 QFD 与 TRIZ 的理想解相结合。在国内，河北工业大学的檀润华教授将 TRIZ 技术进化原理与过程建模方法 IDEF3 相结合，建立了基于结构进化的产品设计过程模型，将 TRIZ 与 QFD 相结合建立了二者集成的概念设计过程模型；河北工业大学曹国忠副教授将 AD 与 TRIZ 中的功能基、效应相集成，形成集成型概念设计过程模型（SAFE），将功能、效应和实例相结合，提出了概念设计过程模型（Function Effect Example，FEE）；福州大学的刘晓敏教授将 TRIZ、约束理论（Theory of Constraint，TOC）、未预见发现（Unexpected Discovery，UXD）、类比设计（Analogy-Based Design，ABD）等相集成，建立了一种产品创新概念设计集成过程模型；清华大学的马怀宇通过对 TRIZ 创新原理、QFD 等设计方法的研究与运用，提出了基于 QFD、功能分析（Function Analysis，FA）和 TRIZ 的概念设计过程集成模型；北京航空航天大学的韩晓建在分析产品设计及其过程的基础上，利用集合与映射的理论与方法，建立了一种产品概念设计过程模型。另外，西安理工大学的韩光平等人进行了 QFD、模糊数学（Fuzzy）与 TRIZ 的集成技术研究；西南交通大学的周贤永等人研究了格论和 TRIZ 技术进化论的融合；合肥工业大学的张建军等人研究了 TOC、Fuzzy 与 TRIZ 的集成方法；浙江大学的李贵平等人研究了 QFD、专利知识挖掘（Patent Knowledge Mining，PKM）与 TRIZ 的结合；南昌大学的胡江华等人研究了融合 QFD、TRIZ 和并行工程（Concurrent Engineering，CE）的 Q-T-C 方法；山东建筑大学的李敏等人将 QFD、AD 与 TRIZ 结合起来进行产品设计，苏谦等人研究了现代预期失效分析（Anticipatory Failure Determination，AFD）、传统失效模式与效应分析（Failure Mode and Effect Analysis，FMEA）与 TRIZ 的集成；电子科技大学的谢健民研究了质量屋（the House of Quality，HOQ）与 TRIZ 的融合，及其在产品创新模糊前端设计中的应用等。自 2004 年，有学者开始将 TRIZ 与可拓创新方法融合起来进行研究，如张祥唐等人采用可拓创新方法与 TRIZ 进行产品创新设计；仇成等人进行了 TRIZ 与可拓学的比较研究；宋守许等人进行了融合可拓创新方法与 TRIZ 的可拆卸性结构设计方法及应用的研究；江帆、李苏洋等人也将 TRIZ 与可拓学融合起来应用到结构或方案设计中；费凡等人申请了一项"一种基于 TRIZ 与可拓学相结合的产品优化与设计方法"的专利；周贤永等人研究了 TRIZ40 条发明原理的可拓变换表达形式，格论与 TRIZ 技术进化理论融合的理想化水平表达方式，基于 TRIZ、可拓学与实例推理的创新问题解决模型等；翟章宇进行了可拓学与 TRIZ 矛盾问题比较研究；赵燕伟探讨了面向 TRIZ 与可拓学集成的创新方法等。

1.2.3　创新方法的研究趋势

通过上述分析可以看出，创新方法研究呈现如下发展趋势：

1. 创新方法朝系统化、简易化的方向发展

目前创造方法研究已取得一定成果，但各种创造法则、创造技法大都从单一的角度进行研究，多数软件都是基于 TRIZ 或可拓学，而未全面对创新方法进行筛选并形成系统原型和辅助工具。随着现代科学技术的突飞猛进，对创新方法的探索和规律的认识也在不断完善。有必要对众多的创新方法进行消化、吸收和再创新，建立系统、简单、易用的创新方法体系。另外，现有创新理论还远远跟不上创新实践活动的需求，也远远没有达到破译创新的程度。因此，在创新机理、创新方法、创新手段及创新在具体领域的运用等很多方面都需要进一步进行深入研究。

2. 群体创新方法是一个重要的发展方向

创造力究其本质是个体的一种属性，然而由于它通常仅能在群体创新活动中被有效开发，因此，大多数创新方法都是在特定的团队（如企业、研发机构）中提出并实施的，如智力激励法、综摄法、KJ 法等都是针对群体情景提出的创新方法。进入 20 世纪 90 年代，随着团队组织形式的广泛出现，在团队创造过程中促进团队成员激发创新思维、克服群体迷思、提高创新效率都需要群体创新方法发挥越来越重要的作用。而信息技术的研究成果为跨地区、跨部门的群体创新活动提供了信息化、智能化的辅助工具。因此，有必要对促进和激发团队成员进行自主创新的群体创新方法进行深入研究。

3. 创新方法将向多学科交叉、融合的方向发展

随着系统工程理论、复杂系统学说和知识管理理论的提出，对创新方法的研究越来越朝

多学科交叉、会聚的方向发展。创新方法成为涉及哲学、认知科学、心理学、经济学、系统学、管理学、工程学、信息科学等多个领域的交叉学科。创新能力是未来社会发展的关键因素，利用社会心理学、认知科学、大数据、人工智能及工程研究进行学科间的协同和融合，是研究创新和发明的方向。在未来，运用多学科交叉、融合的方法必将促使人类更深刻地理解创新方法的作用和机制，创新方法研究必将取得突破性进展。

1.3　常用创新方法简介

问题与思考

常用的创新方法有哪些？如何应用这些创新方法？

自 1620 年培根出版《科学方法论》后，人们就没有停止关于创新方法的探索。目前世界上共有 300 多种创新方法，如模仿法、创意列举法、综摄法（类比创新法）、组合法、移植法、逆向思维法、头脑风暴法、奥斯本检核表法、形态分析法、和田十二法、思维导图法、QFD、TRIZ、可拓创新方法等。

1.3.1　模仿法

模仿创新法简称模仿法，是一种通过模仿旧事物来创造出与其相类似的新事物的方法。从模仿的创造性程度而言，模仿法可分为机械式模仿、启发式模仿和突破式模仿。

案例：一体化洗手间的多层抽屉结构模仿了多层笔筒的转屉结构，如图 1-3 所示；云电视模仿了云手机；QQ 模仿了 MSN 等。

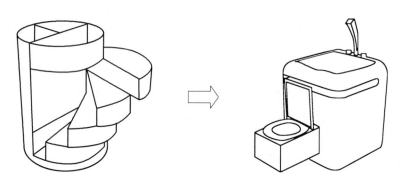

图 1-3　模仿创新

1.3.2　创意列举法

创意列举法是将某一具体事物的特定对象（如特点、优缺点等）罗列出来，经比较选优，获得创新方案。按列举的特定对象不同，可分为属性列举法、希望点列举法、优点列举法和缺点列举法。

案例　列举长柄弯把雨伞（图 1-4a）的缺点：①伞太长，不便于携带；②打开与收拢不方便；③伞淋湿后不易放置；④两人使用时挡不住雨；⑤手中东西多时无法打伞；⑥骑自行车时打伞容易出事故；⑦伞布上的雨水难以清除等。针对这些缺点，可以提出许多改进方案：①可折叠伸缩的伞（图1-4b）；②伞布改为疏水材料；③头戴式雨伞（图1-4c）；④改变撑开、收拢方式（图1-4d）；⑤异形雨伞（图1-4e）等。

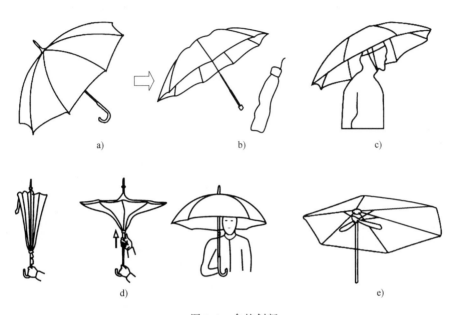

a)　　　　　　b)　　　　　　c)

d)　　　　　　　　　　e)

图1-4　伞的创新

1.3.3　综摄法（类比创新法）

类比创新法是根据两个或两类对象在某些方面相同或相似而推断出它们在其他方面也可能相同的一种思维形式和逻辑方法。根据类比的对象、方式等的不同，可以分为直接类比法、拟人类比法、幻想类比法、对称类比法、因果类比法、仿生类比法、综合类比法。

案例　工程师乔治·特拉尔经常出去打猎，每次打猎回来后，总有一种大蓟花植物粘在他的裤子上，回家后，他好奇地用显微镜观察残留在裤子上的植物，发现每朵小花上都长满了小"钩子"，于是他明白了这些植物能紧紧钩住他衣服的缘故。当他解开衣服扣子时，一个新设想冒了出来：能不能仿照大蓟花的结构发明一种"新扣子"呢？出于这种创意，他又再次观察了大蓟花的钩子形状和分布特点，并进行类比推理：如果在布带上也织上这种小钩子，那么两条布带一接触不就能互相粘在一起了吗？经过研制和试验，他发现这种连接方式是可靠的。接着，特拉尔从商业角度出发，设计出可以代替扣子、拉链或系带的尼龙搭扣，如图1-5所示。

1.3.4　组合法

组合创新法简称组合法，是指按照一定的技术原理，将两个或多个功能元素合并，从而形成一种具有新功能的新产品、新工艺、新材料的创新方法。组合创新法几乎覆盖了人们日常生活的各个领域，具体有以下几种实现方式：主体附加法、异类组合法、同物自组法和重组组合法。

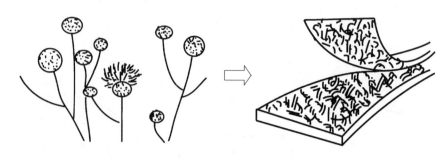

图 1-5   尼龙搭扣的发明

案例   插排、双人自行车、多色圆珠笔、组合螺钉旋具等都是组合产品，如图 1-6 所示。

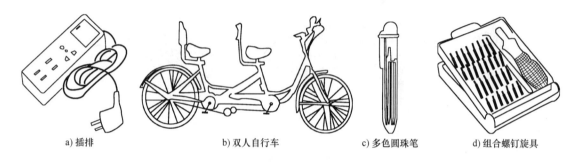

a) 插排   b) 双人自行车   c) 多色圆珠笔   d) 组合螺钉旋具

图 1-6   组合创新产品实例

1.3.5   移植法

移植创新法简称移植法，是指将某一领域中已有的原理、技术、方法、结构、功能等，移植应用到另一领域而产生新事物、新观念、新创意的构思方法。移植创新法分为原理性移植、方法性移植、功能性移植、结构性移植、材料性移植。

案例   人们将积木玩具的结构方式移植到机床领域，创造出组合机床、模块化机床；将平面滚动轴承的结构移植到机床的滑动导轨中，构造出新型的滚动摩擦导轨，如图 1-7 所示。

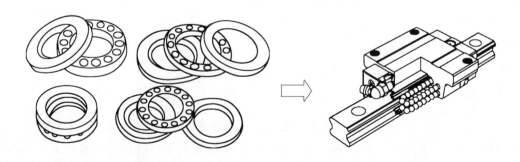

图 1-7   滚动摩擦导轨

1.3.6 逆向思维法

逆向思维法是指为达到某一目标,将通常思考问题的思路反转过来,以反常规、反常理或反常识的方式去寻找解决问题的新途径、新方法,通俗说法就是"反过来想一想",又称逆向转换法、反向思维法等。该方法包括原理逆向、功能逆向、过程逆向、因果逆向、结构或位置逆向、观念逆向等。

案例 日常生活中煮饭做菜时,都是把锅架在火的上方。夏普公司在开发电烤箱时,也是将热源放在下面,待烤制的鱼肉放在上面。这种结构在加热过程产生了一个问题:鱼肉经烘烤后会有油脂流出并滴落下来,掉在加热丝上,产生大量的焦烟而污染环境。技术人员想了不少办法,最好的方法就是做简单的结构逆转,即将加热丝装在烤箱的上部,所烤食物置于下方,这样即使鱼肉流出油脂,也不会接触到加热丝,如图1-8所示。

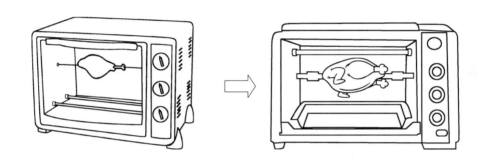

图 1-8 烤箱热源的逆转

1.3.7 头脑风暴法

头脑风暴法(Brain Storming,BS)是指通过小型会议的组织形式,让所有参加者在自由愉快、畅所欲言的气氛中,自由地交换想法或点子,并以此激发与会者的创意及灵感,使各种设想在相互碰撞中激起脑海的创造性"风暴",又称智力激励法。头脑风暴法可分为直接头脑风暴法和质疑头脑风暴法两种类型。

为了更好地运用头脑风暴法,使思维活动真正起到互激效应,必须严格遵守以下四项基本原则:延迟评价、鼓励自由想象、以数量求质量、鼓励巧妙地利用并改善他人的设想。头脑风暴会议的组织步骤:首先要明确会议的目标,千万不能无的放矢;会议人员以5~10人为宜,包括主持人、记录员和参加者;选择合适的主持人;确定记录员;会议时间一般在1小时左右,最好不超过2小时;对设想进行评价。

1.3.8 奥斯本检核表法

奥斯本检核表法就是以提问的方式,根据创造或解决问题的需要,列出一系列提纲式的提问,形成检核表,然后对问题进行讨论,最终确定最优方案的方法。奥斯本检核表法的九大问题见表1-1。

表1-1 奥斯本检核表法的九大问题

序号	检核项目	说明
1	能否他用	能否有其他用途？保持不变能否扩大用途？稍加改变有无其他用途？
2	能否借用	能否从别处得到启发？能否借用别处的经验和发明？过去有无类似的东西可供模仿？谁的东西可模仿？现有的发明能否引入其他创造设想之中？
3	能否改变	能否做某些改变？改变一下会怎样？可以改变一下形状、颜色、音响、味道吗？是否可能改变一下型号或运动形式？改变之后效果如何？
4	能否扩大	能否扩大适用范围？能否增加使用功能？能否添加零部件？能否延长其使用寿命？能否增加长度、厚度、强度、频率、速度、数量、价值？
5	能否缩小	能否实现体积变小、长度变短、重量变轻、厚度变薄以及拆分或省略某些部分（简单化）？能否浓缩化，省力化，方便化？
6	能否替代	能否用其他材料、元件、方法、工艺、功能等来替代？
7	能否调整	能否变换排列顺序、位置、时间、速度、计划、型号？内部元件可否交换？
8	能否颠倒	能否正反颠倒、里外颠倒、目标和手段颠倒等？
9	能否组合	能否进行原理组合、材料组合、部件组合、形状组合、功能组合、目的组合？

采用奥斯本检核表法的注意事项：①对所列举的事项逐条检核，确保不遗漏；②尽量多检核几遍，以确保较为准确地选择出所需创新与发明的方面；③进行检索时，可将每一大类问题作为一种单独的创新方法来运用；④检核方式可根据需要进行多种变化。

案例：对电风扇进行奥斯本检核表创新，见表1-2。

表1-2 电风扇的奥斯本检核表

序号	检核项目	创意
1	能否他用	湿气干燥装置、吸气除尘装置、风洞试验装置
2	能否借用	仿古电扇、用压电陶瓷制成的无翼电扇
3	能否改变	可吹出冷风的电扇、可吹出热风的电扇、驱蚊电扇
4	能否扩大	微型吊扇、直流电微型电扇、太阳能微型电扇
5	能否缩小	方形电扇、立柱形电扇、其他外形奇异的电扇
6	能否替代	玻璃纤维风叶的电扇、遥控电扇、定时电扇、声控或光控电扇
7	能否调整	模拟自然风的电扇、保健电扇
8	能否颠倒	利用转栅改变送风方向的电扇、全方位风向的电扇
9	能否组合	带灯电扇、带负离子发生器的电扇、对转风叶的电扇

1.3.9 形态分析法

形态分析法就是把需要解决的问题分解成若干基本因素（构成此问题的基本组成部分），并分别列出实现每个因素的所有可能的形态（技术手段），然后用矩阵表的方式进行排列组合，以产生解决问题的系统方案或发明设想。

案例：采用形态分析法对洗衣机方案进行设计，分析盛装衣服、分离污物、控制洗涤三个功能因素，对每个功能因素进行求解，列出形态学矩阵（表1-3）。

表1-3 洗衣机方案设计的形态学矩阵

功能因素		功能解(形态)			
		1	2	3	4
A	盛装衣服	铝桶	塑料桶	玻璃钢桶	陶瓷桶
B	分离污物	机械摩擦	电磁振荡	热胀	超声波
C	控制洗涤	人工控制	机械定时	计算机控制	—

根据表1-3所列的形态学矩阵，考虑三个功能因素的洗衣机方案有 $4×4×3 = 48$ 种，根据某些评价指标，就可以选择出优秀的方案进行具体设计。

1.3.10 和田十二法

和田十二法是我国学者许立言、张福奎在奥斯本检核表的基础上，借用其基本原理，加以创造而提出的一种思维技法。它既是对奥斯本检核表的一种继承，又是一种大胆的创新。例如，其中的"联一联""定一定"等，就是一种新发展。这种方法首先在上海市闸北区和田路小学进行实践运用，故称和田十二法。和田十二法口诀表见表1-4。

表1-4 和田十二法口诀表

口诀	含义
加一加	加高、加厚、加多、组合等
减一减	减轻、减少、省略等
扩一扩	放大、扩大、提高功效等
变一变	改变其形状、颜色、气味、音响、次序等
改一改	改缺点、改不便、改不足之处等
缩一缩	压缩、缩小、微型化
联一联	原因和结果有何联系，把某些东西联系起来
学一学	模仿形状、结构、方法，学习先进
代一代	用其他材料代替，用其他方法代替
搬一搬	移做他用
反一反	能否颠倒一下
定一定	定个界限、标准，能否提高工作效率

1.3.11 思维导图法

思维导图是英国著名心理学家东尼·博赞于20世纪60年代发明的，又称心智图，是表达发散型思维的有效图形思维工具。它运用图文并重的技巧，把各级主题的关系用相互隶属与相关的层级图表现出来，在主题关键词与图像、颜色等之间建立记忆链接，充分运用左、右脑的机能，利用记忆、阅读、思维的规律，协助人们进行放射性思考、发散性拓展思维。思维导图一般绘制成带顺序标号的树状结构图，图1-9所示为针对微型汽车展开的思考。

当绘制思维导图不易找到子主题时，可以借助其他创新方法，如和田十二法，图1-10所示为基于和田十二法的手机思维导图。

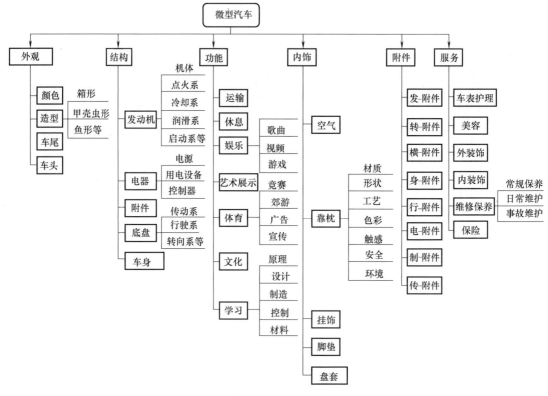

图 1-9　思维导图实例

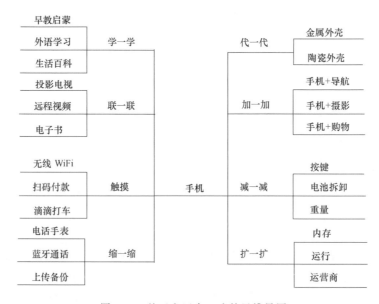

图 1-10　基于和田十二法的思维导图

1.3.12　质量功能展开方法

QFD 是一种立足于在产品开发过程中最大限度地满足顾客需求的系统化、用户驱动式的质量保证与改进方法。

QFD 的实施步骤：①确定顾客需求；②制订产品规范；③确定产品设计方案；④零件规划；⑤零件设计及工艺规程设计；⑥工艺规划；⑦工艺/质量控制。对于如何将顾客需求一步一步地分解和配置到产品开发的各个过程中，需要采用 QFD 瀑布式分解模型。图 1-11 所示为由 4 个质量屋矩阵组成的典型 QFD 瀑布式分解模型。

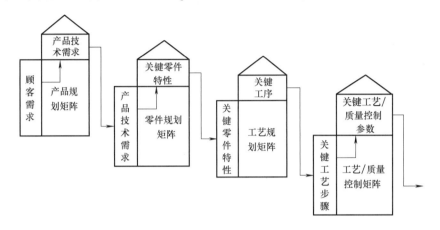

图 1-11　典型的 QFD 瀑布式分解模型

其中，质量屋为将顾客需求转换为产品技术需求，以及进一步将产品技术需求转换为关键零件特性，将关键零件特性转换为关键工艺步骤和将关键工艺步骤转换为关键工艺/质量控制参数等 QFD 瀑布式分解提供了一种基本工具。如图 1-12 所示，一个完整的质量屋包括六个部分，即顾客需求、技术需求、关系矩阵、竞争分析、屋顶和技术评估。其中，竞争分析和技术评估又分别由若干项组成。在实际应用中，视具体要求的不同，质量屋结构可能会略有不同。

1.3.13　TRIZ

TRIZ 是一类系统的创新方法，在实践应用中可大大加快人们发明创造的进程，而且能得到高质量的创新产品与技术。它是由苏联发明家阿奇舒勒带领研究群体，自 1946 年开始，在分析研究了世界各国 250 万件专利的基础上提出的。20 世纪 80 年代中期前，TRIZ 被称为"神奇的点金术"，仅能应用在苏联范围内，此后，随着苏联解体，一批苏联科学家移居欧美等国家，才逐渐把 TRIZ 推向世界。

TRIZ 包括创新思维方法（包括理想解）、发明原理、冲突分析、分离原理、76 个标准解、ARIZ 算法、技术系统进化法则、科学效应、功能分析、资源分析等内容体系，如图 1-13 所示。

TRIZ 求解流程分为四个阶段：描述问题、分析问题、问题求解、方案评价，如图 1-14 所示。

1.3.14　可拓创新方法

可拓学是我国蔡文研究员原创的横断学科，是用形式化的模型，探讨事物拓展的可能性以及开拓创新的规律与方法，并用于解决矛盾问题的新学科，包括可拓论、可拓创新方法与

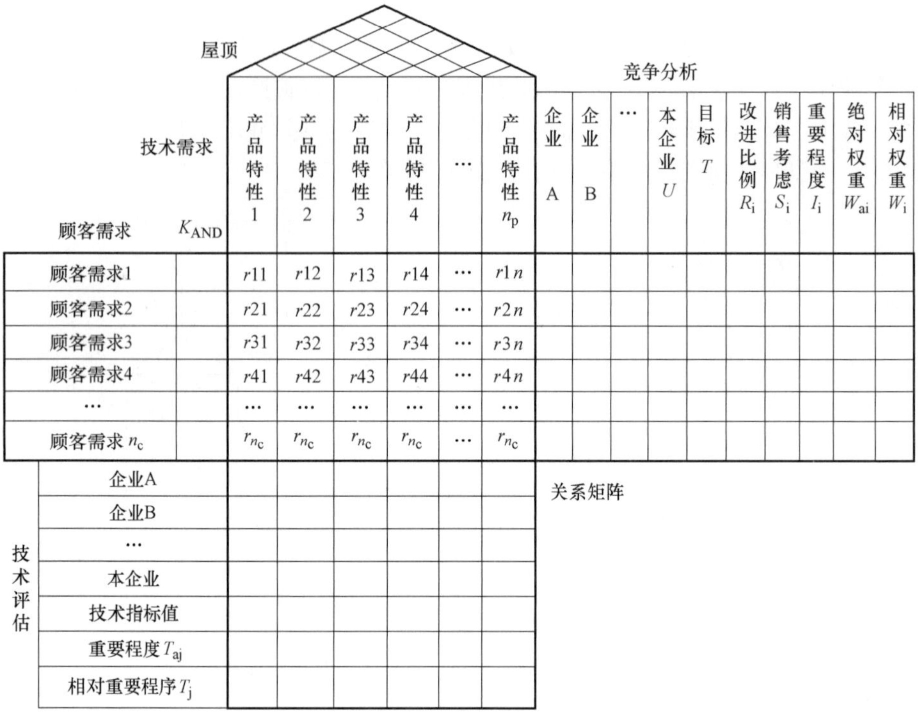

技术需求 / 顾客需求	K_{AND}	产品特性1	产品特性2	产品特性3	产品特性4	...	产品特性 n_p	企业A	企业B	...	本企业U	目标T	改进比例R_i	销售考虑S_i	重要程度I_i	绝对权重W_{ai}	相对权重W_i
顾客需求1		r11	r12	r13	r14	...	r1n										
顾客需求2		r21	r22	r23	r24	...	r2n										
顾客需求3		r31	r32	r33	r34	...	r3n										
顾客需求4		r41	r42	r43	r44	...	r4n										
...		...	...	...	...	...	...										
顾客需求 n_c		r_{n_c}	r_{n_c}	r_{n_c}	r_{n_c}	...	r_{n_c}										

竞争分析 · 关系矩阵

技术评估：
企业A	
企业B	
...	
本企业	
技术指标值	
重要程度 T_{aj}	
相对重要程序 T_j	

注：1. 关系矩阵一般用◎、○和△表示，它们分别对应数字9、3和1；没有符号表示无关系，对应数字为0。
　　2. 销售考虑用●和·表示，●表示强销售考虑，·表示可能销售考虑，没有符号表示无销售考虑，分别对应数字1.5、1.2和1.0。

图 1-12　质量屋结构示意图

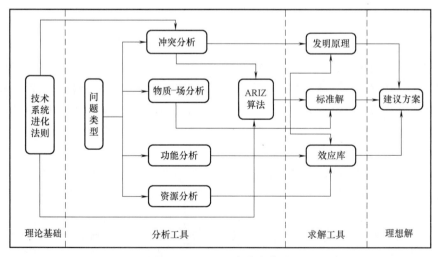

图 1-13　TRIZ 基本内容体系

可拓工程。可拓创新方法是可拓学中特有的方法，是对研究对象进行建模、拓展、变换、评价等，以生成解决各种矛盾问题创意的形式化、定量化方法，包括基元模型构建方法、拓展分析方法、共轭分析方法、可拓变换方法、可拓集方法、优度评价方法、可拓创意生成方法

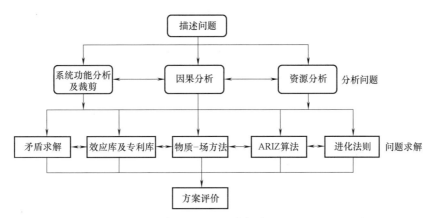

图 1-14 TRIZ 求解流程

等。可拓创新方法通过四个步骤实现产品创新设计：建模、拓展、变换、优选，如图 1-15 所示。其中，建模是对物、事、关系建立包括对象、特征、量值在内的基元模型，如图 1-16

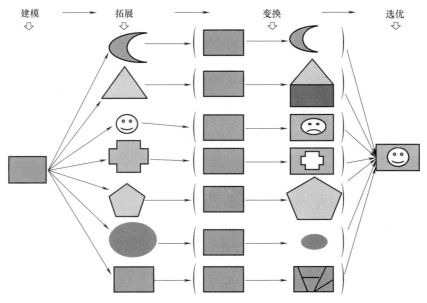

图 1-15 可拓创新方法流程

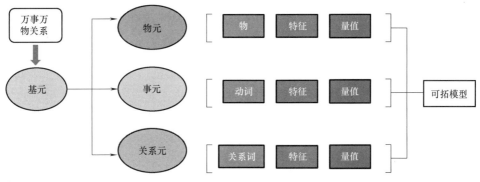

图 1-16 可拓模型

所示。拓展是根据基元的拓展分析原理对事、物、关系等进行拓展，以获得解决问题的多种可能途径，包括发散树方法、相关网方法、蕴含系方法和分合链方法。变换是根据拓展出的多种可能途径实施置换、增删、扩缩、分解、复制等变换操作，形成问题的可能解决方案。优选是采用优度评价方法对拟定的方案进行定量评价，选择出优秀的方案供后续实施。

 练一练

1. 什么是创新？创新的特性与形式怎样？

2. 列出你所知道的创新方法。

3. 什么是发明？什么是专利？列举你所了解的发明。

4. 请用模仿法对某品牌保温水杯提出创新方案。

5. 请用创意列举法对现在的固定插座提出改进方案。

6. 针对某动物或植物特性，应用综摄法提出几种创新方案。

7. 试利用组合法提出 1~3 种产品创新方案。定时器、程序控制器、温度计可与什么物品组合在一起？

8. 试用移植法提出几种创意。

9. 利用逆向转换法给出几种创意。

10. 利用形态分析法给出河沙运输装置的方案。

11. 利用和田十二法给出铅笔、水杯、书包、文具盒、豆浆机、菜刀等产品的新创意。

12. 以眼镜、刀开关、遥控器等日常生活中的产品为对象，运用奥斯本检核表进行检核，给出系列的创意。

13. 电吹风、电风扇、订书机、毛笔等物品能否他用？超声波、激光、红外辐射等技术能否借用？在书本、充电器、课桌中增加点什么可改善其功能或性能？衣架、尺子、洗脸盆、笔记本能缩小吗？热水瓶、座椅、轮胎、自行车能改变吗？伞、铅笔刀、叉子能否替代？车床、刨床的加工方式可否调整？导弹能否向地下发射？

14. 请查询知识资源总库中的论文，绘制质量屋方法创新设计的流程，并说明你对该方法的理解。

15. 请查阅可拓学的资料，给出 1~2 个可拓产品创新的案例，并写出你对可拓创新方法的理解。

16. TRIZ 的内涵及发展起源是什么？

17. TRIZ 的主要内容有哪些？请从网络上（如知识资源总库 CNKI）找出 2~3 个 TRIZ 创新设计案例。

第2章
机械发展史与IASE创新方法

内容摘要：

　　机械是能帮人们降低工作难度或省力的工具和装置，在人们的日常生活中占有重要地位。机械发展史是人类发展史的重要组成部分，循迹机械的发展，窥视其中隐含的创新思路，对学习创新方法具有重要意义。

　　IASE（Identification 识别、Analysis 分析、Solve 求解、Evaluation 评价的单词首字母）创新方法是基于创新发明问题解决过程的创新方法集合，其中融入了 TRIZ 与可拓创新方法的各个工具，主要为人们解决问题提供一种工具选择策略。

2.1　机械及其分类

问题与思考

　　什么是机械？机械有哪些种类？

　　《庄子·外篇》中记载，子贡给机械下的定义为能使人用力寡而见功多的器械。该定义体现了古人对机械认识：机械的作用是省力与提高效率。

　　现代对机械的定义为：机械是机构与机器的总称。其中，机构是由构件组成的、具有确定的相对运动、能传递或转化运动和力的可动装置，如连杆机构、凸轮机构等；机器是由构件组成的、具有确定的相对运动、能传递或转化运动、力与能量的可动装置，如内燃机、电动机、车床等。

　　人类发展机械的历史悠久，发明创造丰富，种类繁多。为研究方便，对机械进行了分类归纳整理：按机械的发展过程及使用时间分类，包括远古机械（简单工具）、古代机械、近代机械、现代机械等；按机械的功能分类，包括动力机械、传动机械、起重机械、运输机械、加工（粉碎）机械等；按机械服务的行业分类，包括农业机械、水利机械、化工机械、矿山机械、纺织机械、交通机械、工程机械等；按机械的工作原理分类，包括热力机械、流体机械、电力机械、风力机械、仿生机械等；按机械的复杂程度分类，包括简单机械与复杂机械，其中简单机械有杠杆、车轮、滑轮、斜面、螺旋等，而复杂机械是由动力装置、传动装置、执行装置、控制装置等组成的各种机械。

2.2 机械发展史

？ 问题与思考

机械是怎么被发明出来的？从这些发明中能得到什么启示？

公元前 3000 年，在修建金字塔的过程中，人们就使用了滚木、滑轮、杠杆、斜面来搬运巨石，如图 2-1 所示。公元前 1000 年左右，我国西周时期出现了滑轮和辘轳，战国时出现了绞车，如图 2-2 所示；还出现了打仗与打猎用的抛石机（杠杆机构）等，如图 2-3 所示。

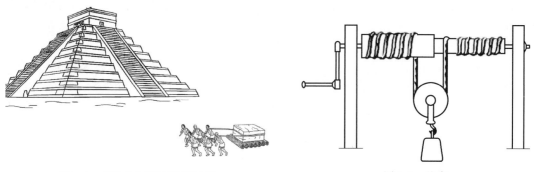

图 2-1　修建金字塔时搬运巨石　　　　　　　　图 2-2　绞车

公元前 250 年左右，阿基米德用螺旋机构将水提升至高处，如图 2-4 所示，开启了螺旋式输送机的先河。

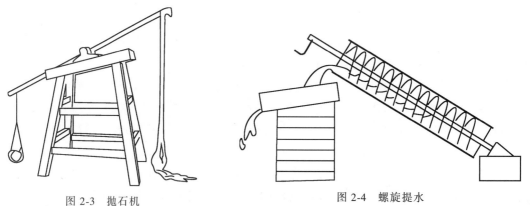

图 2-3　抛石机　　　　　　　　　图 2-4　螺旋提水

我国古代机械在秦汉时已趋于成熟，领先于当时的世界各国，这一时期以动力（弹力、畜力、风力、水力等）利用和机械结构方面的成就最为突出。其中秦陵铜车结构复杂，如图 2-5 所示，体现了当时的马车设计技术，也展示了当时高超的铸造、焊接、镶嵌、黏接等工艺水平。指南车是应用齿轮制作的高精度复杂机械，如图 2-6 所示。

东汉的张衡制作了浑天仪，用来测量天体球面坐标、演示天象，如图 2-7 所示。张衡还设计制作了地动仪，其内部设计了巧妙的机关来感知地震并指示地震的方位，如图 2-8 所示。东汉还出现了水车（图 2-9）、龙骨水车（图 2-10）、用水力驱动的鼓风机（图 2-11，其中应用了齿轮和连杆机构）等。晋代出现了连磨，它是用一头牛驱动八台磨盘，其中也应用了齿轮系，如图 2-12 所示。东晋出现了记里鼓车，它利用齿轮传动将车轮的转数传递给敲鼓手，能够记录车辆的行驶距离，如图 2-13 所示。唐代的远洋船舶技术比较发达，图 2-14 所示为古代船舶。

图 2-5　秦陵铜车

图 2-6　指南车

图 2-7　浑天仪

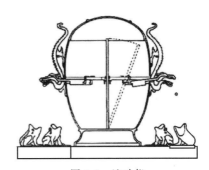

图 2-8　地动仪

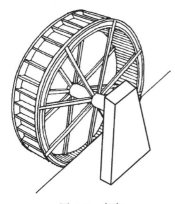

图 2-9　水车

图 2-10　龙骨水车

中世纪，欧洲出现了用脚踏板驱动的加工木棒的车床，如图 2-15 所示，以及利用曲轴的研磨机，如图 2-16 所示。我国出现了脚踏驱动的琢玉机，如图 2-17 所示。

唐朝晚期的银盒，其内孔与外圆的同轴度好，子、母口配合严密，刀痕细密，加工精度很高，如图 2-18 所示，展示了古代中国拥有的优良机械加工技术。宋朝的苏颂等人设计制造了水运仪象台，为自动控制机器，如图 2-19 所示。

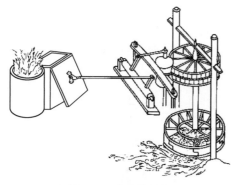

图 2-11　水力鼓风机

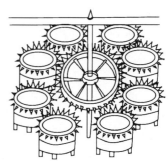

图 2-12　连磨

图 2-13　记里鼓车

图 2-14　古代船舶

图 2-15　车床

图 2-16　研磨机

图 2-17　琢玉机

13 世纪以后，机械钟表在欧洲发展起来，连杆机构、齿轮机构和凸轮机构等在古代机械中已经有所应用，如图 2-20 所示。

1765 年，瓦特（Watt）发明了蒸汽机，如图 2-21 所示，揭开了第一次工业革命的序幕，各种由蒸汽机驱动的机械相继出现，如纺织机（图 2-22）、车床、火车（图 2-23）、轮船（图 2-24）等。

1834 年，德国人雅可比发明了直流电机，如图 2-25 所示。1859 年，法国工程师勒努瓦制造了第一台实际使用过的内燃机，如图 2-26 所示。1876 年，德国人奥托根据德·罗沙的四冲程内燃机的工作原理，设计制造了第一台四冲程汽油内燃机（图 2-27），取得了内燃机技术的第一次突破。1886 年，奔驰（本茨）与戴姆勒分别制造出实用的汽油发动机，并分别安装在三轮车（图 2-28）和四轮车（图 2-29）上，开启了现代汽车的先河。1892 年，德国发明家鲁道夫·狄塞尔发明了柴油内燃机，如图 2-30 所示。内燃机技术的突破与电动机的出现，揭开了第二次工业革命的序幕。

图 2-18　银盒

图 2-19　水运仪象台

图 2-20　机械钟表

图 2-21　蒸汽机

图 2-22　纺织机

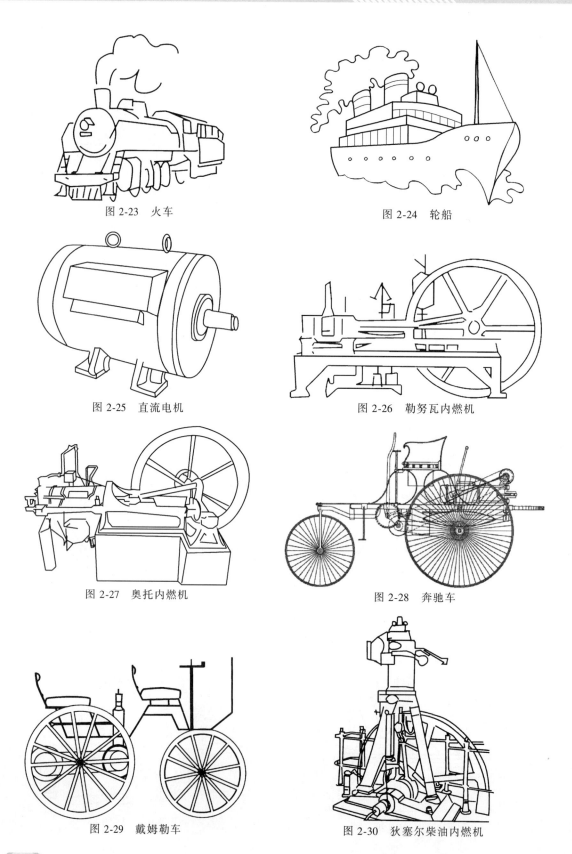

图 2-23　火车

图 2-24　轮船

图 2-25　直流电机

图 2-26　勒努瓦内燃机

图 2-27　奥托内燃机

图 2-28　奔驰车

图 2-29　戴姆勒车

图 2-30　狄塞尔柴油内燃机

发动机、电动机除了被安装在汽车（图2-31）上，还被用在飞机（图2-32）、轮船、机床（图2-33）等设备上，促进了机械技术的快速发展，涌现了许多新机器，并出现了电气控制等自动控制技术。

图 2-31 20世纪90年代的汽车

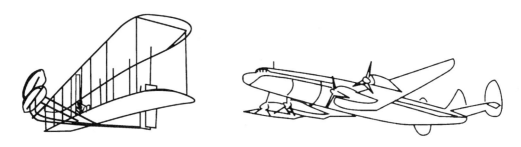

图 2-32 莱特兄弟发明的飞机与螺旋桨飞机

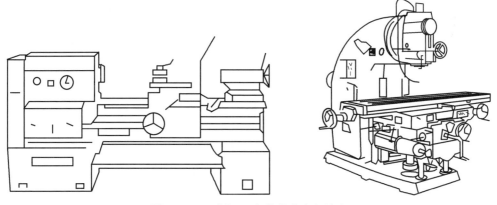

图 2-33 20世纪90年代的车床与铣床

随着计算机的出现，机械向着数字化控制方向发展，出现了数控机床（图2-34）、大型飞机、新型汽车等。

机械的创新一直到今天也没有停止。机械的发展，呼唤着先进的理论和设计方法。牛顿经典力学的建立为机械设计奠定了理论基础，同时也有很多学者从机械产品、发明专利中寻求发明创造、机械设计的规律与方法。到20世纪上半叶，机械设计方法、创新设计方法已基本形成，为机械创新与发明奠定了坚实的方法论基础。20世纪中叶后，计算机技术使机

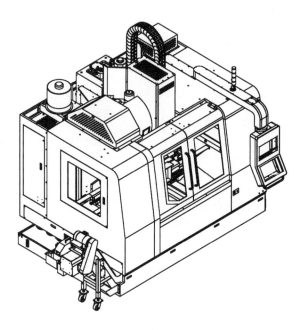

图 2-34　数控机床

械设计面目一新，各种计算机辅助设计软件的出现，如 CAD、UG、Pro/Engineering（Cero）、SolidWorks、CATIA、SolidEdge、Inventor、Solid3000、中望 CAD 和 CAXA 实体工程师等，以及成体系的创新方法的出现，让机械创新与发明更趋于快速、精确。

2.3　创新问题求解思路

❓ 问题与思考

创新问题求解要经过哪些步骤？

纵观现有的成体系的创新方法，创新问题求解均经历了问题识别、问题分析、问题求解、方案评价四个阶段（有的方法是将问题分析与问题求解合为一个阶段），因而本书针对创新问题，也采用"四步走"的求解思路，如图 2-35 所示。

图 2-35　创新问题求解流程

对于创新问题求解，多数人习惯直接去寻找解决方案，这样一方面可能会导致求解困难，另一方面即使找到一些解决方案，也有可能错过一些更好的方案。因此在创新问题求解时，要非常重视问题识别与问题分析。

在问题分析阶段，要重视利用功能导向搜索工具。通过功能导向搜索寻找和借鉴其他领域成功的解决方案，以便快速、简便地获得问题的解决方案或规避本领域现有的解决方案，同时还可以避免重复劳动。

2.4　IASE 创新方法

问题与思考

什么是 IASE？什么是创新工具难度？IASE 有哪些工具？现在的发明流程有哪些变化？

TRIZ 与可拓创新方法是两类重要的创新方法。可拓学最重要的特点是它的形式化，其基本理论和方法都是符号化、模型化的。可拓学解决问题主要通过四个步骤完成，包括建立模型、拓展、可拓变换和优度评价，每个步骤又包含众多规则。TRIZ 来源于专利，其特点是操作性强，用 TRIZ 解决问题同样可以分为四步：定义问题、分析问题、问题求解、选择最优解。TRIZ 的问题模型有四种形式：技术矛盾与物理矛盾、物质-场问题、知识与效应库、标准解法系统。同时，TRIZ 也提供相应的解题工具，如矛盾矩阵、分离原理、知识与效应库、76 个标准解等；并形成了系统的解决问题算法，即 ARIZ 算法。将这两类创新方法融合，是目前创新方法研究的热点之一。

1. IASE 创新方法求解流程

如图 2-36 所示，IASE 创新发明流程与前面总结的创新问题求解流程类似，主要增加了工具选择策略。图 2-36 中各名词的解释如下：

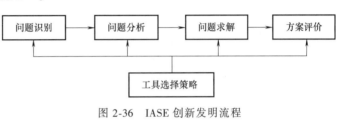

图 2-36　IASE 创新发明流程

创新发明问题：技术系统的实际状况与应达到的标准（或用户理想要求）之间的差异。

问题识别：对自然语言描述的问题进行规范化、形式化描述，并识别其中的核心问题。这里需要对初始化问题进行转换，找到深层次问题，即核心问题。

问题分析：对核心问题进行搜索或分析，寻求拓展的方向，为求解奠定基础。

问题求解：在前面拓展的各个方向上，寻找解决问题的方案。

方案评价：对求解得到的多种方案进行评价优选。

工具选择策略：根据创新工具的难度（或自身经验，或问题类型）进行选择，难度的定量描述采用创新工具难度模型。

2. 创新工具难度模型

借鉴课程难度定量评价模型，可以对创新工具难度进行定量的描述，建立创新工具难度模型，它是创新工具的广度与深度的函数，即

$$N = \alpha S + (1-\alpha) \cdot G \tag{2-1}$$

式中，G 是创新工具的广度；S 是创新工具的深度；α 是加权系数，反映了创新工具对于广度和深度的侧重程度，$0 < \alpha < 1$，广度 G 可以由工具所包含的知识点的总个数确定。深度 S 通过三个因素进行综合评价，包括记忆、理解和应用。这样，式（2-1）就可以表达为

$$N = \alpha \sum_{i=1}^{3} K_i S_i + (1 - \alpha) G \tag{2-2}$$

式中，S_i 是评价深度的三个因素；K_i 是各个因素的权值。对问题求解流程的每个阶段，根据上述难度模型分别对可拓学和 TRIZ 的创新工具进行定量评价，对比各工具的难度值，就可以决定在该求解阶段应该优先使用哪一种工具。N 值越小，代表该创新工具的使用难度越低，则使用优先级越高。

3. IASE 求解工具库

针对 IASE 求解流程的四个阶段，IASE 求解工具库分别提供了多种工具。在问题识别阶段，有四种工具可供使用，分别是可拓建模、功能分析、因果分析和物场模型；在问题分析阶段，有七种工具可供使用，分别是拓展分析、矛盾分析与标准参数、功能导向搜索、How to 模型、多屏幕法、STC 算子法、资源分析；在问题求解阶段，有十种工具可供选择，分别是可拓变换、矛盾矩阵和发明原理、分离原理、一般解与标准解、科学效应库、技术进化法则、裁剪、金鱼法和小矮人法和最终理想解；在方案评价阶段，有三种工具可供使用，分别是理想度方法、优度评价方法、理想优度评价方法。IASE 求解工具库体系见表 2-1。

表 2-1　IASE 求解工具库体系

问题识别	问题分析	问题求解	方案评价
可拓建模	拓展分析	可拓变换	理想度方法
功能分析	矛盾分析与标准参数	矛盾矩阵和发明原理	优度评价方法
因果分析	功能导向搜索	分离原理	理想优度评价方法
物场模型	不知所措（How to 模型）	一般解与标准解	
	纵横驰骋（多屏幕法）	科学效应库	
	三亲六故（STC 算子法）	技术进化法则	
	物尽其用（资源分析）	去粗取精（裁剪）	
		异想天开（金鱼法）	
		各尽所能（小矮人法）	
		完美无缺（最终理想解）	

4. 机械创新发明流程

机械创新设计历史悠久，传统机械创新发明流程主要是根据客户需求提出问题、寻求解决方案、大量实验验证、准备生产、申请专利，如图 2-37 所示。传统流程的最大弊端是往往在申请专利时，才发现之前经过大量实验验证的方案已经有人申请过专利了。

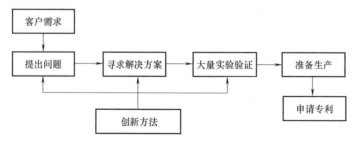

图 2-37　传统机械创新发明流程

针对传统机械创新发明流程的不足，在提出问题之后，先进行功能导向搜索，寻求现有的解决方案或其他领域的参考解决方案，而后建立本问题的解决方案，因为技术方案相对成熟，只需经过少量实验验证，就可以准备生产了，这样可以大幅缩短研发时间和降低成本，如图 2-38 所示。

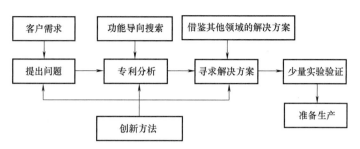

图 2-38 基于 IASE 的机械创新发明流程

1. 列出你曾看到的古代机器及其工作原理，并说明它们对你的启示。

2. 列出你曾看到的创新机械，并说明它们使用了哪些创新方法。

3. 请针对一种具体的产品（如缝纫机、洗衣机、汽车、飞机、发动机、手机等），通过查询图书馆藏书或网上搜索，写出其发展过程，并说明各个发展阶段使用了什么创新方法，以及给了你什么创新启示。

4. 简述 IASE 创新方法的内容与流程。

5. 简述传统机械创新发明流程。

6. 简述基于 IASE 的机械创新发明流程。

7. 试利用 IASE 方法对瓶装液体胶水存在的瓶口易堵塞等问题进行初步分析。

8. 试利用 IASE 方法对拖把上的头发丝难以清理的问题进行初步分析。

9. 试根据基于 IASE 的机械创新发明流程，就停车场闸门开闭机构进行创新设计，要求不使用额外的驱动装置。

10. 请简述创新工具难度模型，并调查第一章中某种创新方法的难度。

第3章

问题识别

内容摘要：

　要进行创新发明，首先要寻找创新发明的切入点，即进行问题识别并找到核心问题。本章将介绍问题的作用及识别工具。

3.1　概述

问题与思考

　什么是问题识别？问题识别工具有哪些？

　遇到创新发明问题时，首先应进行全面分析，对自然语言描述的问题进行规范化、形式化描述，并识别其中的核心问题，即找到初始问题中隐含的深层的、潜在的问题，输出一系列关键问题。

　创新发明问题有不同的类型，按照创新的方向分类，有矛盾问题、功能实现问题、如何做的问题等。

　要找出这些问题，需要使用问题识别工具，包括可拓建模、功能分析、因果分析和物场模型。

3.2　可拓建模

问题与思考

　什么是基元？基元有哪些要素？基元有哪些表示方法？基元有哪些类型？

　创新发明离不开物、事和关系的支撑。可拓学中建立了形式化、模型化的表示物、事和关系的基本元——物元、事元和关系元，统称基元，并可由它们构成形式化的表示复杂事物的复合元。通过基元模型可进一步导出创新发明的核心问题。这种形式化的描述便于实现标准化、精细化、数量化和计算机化。

　基元有三要素：对象、特征、量值。对象是创新发明问题的研究对象，如产品（物）、功能（事）、结构（关系）；特征是一个对象区别于其他对象的特点；量值是对象关于其特征的数量、程度或范围等，可以是数量量值，如长度特征对应的量值为"50mm"，也可以是非数量量值，如性能等级特征对应的量值为"高"。

基元的表示方法有两种：矩阵表达式和表格形式，本书主要是采用表格形式。基元也有维数之分，给出一个特征的是一维基元，给出多个特征的是多维基元。

有些基元是随某个参数（如时间、位置）改变的，其某些特征对应的量值也发生改变，这类基元称为动态基元，相应的有动态物元、动态事元、动态关系元；还有一些基元表示一类物、事或关系，称为类基元，对应的有类物元、类事元、类关系元。

3.2.1 物元——产品的模型化表示

物元是描述物的基本元，是对产品等物的模型化表示，是包括物、特征和量值的有序三元组。特征是物特性的抽象结果，如产品的几何特性（长、宽、高等）、物理特性（质量、密度、比热容等）、功能特性（传输能力、紧固程度等）、经济特性、环境特性等。量值是物关于某一特征的数量、程度或范围。物元表格描述见表 3-1，也可用矩阵表达式描述，见式（3-1）。

表 3-1 物元表格描述

物	特征	量值
连杆 D	长度	230mm
	截面形状	圆形
	直径	15mm
	…	…

$$M_1 = \begin{pmatrix} 铰链\ D_1, & 直径, & 35mm \\ & 宽度, & 10mm \\ & 材料, & 40Cr \\ & \cdots, & \cdots \end{pmatrix} \tag{3-1}$$

表 3-1 和式（3-1）给出的是多维物元，列出了物的多个特征。表 3-2 和式（3-2）给出的是一维物元，仅列出物的一个特征。

表 3-2 一维物元

物	特征	量值
摇杆 D	长度	230mm

$$M_2 = (销钉, 长度, 65mm) \tag{3-2}$$

如果物元的物与量值随时间或位置等参数的变化而发生改变，则这种物元称为动态物元，如变长度的曲柄，其表格描述见表 3-3。

表 3-3 动态物元

物	特征	量值
曲柄 $F(1\sim30s)$	长度	200mm
曲柄 $F(31\sim60s)$	长度	230mm
曲柄 $F(61\sim80s)$	长度	250mm
…	…	…

表示一类物的物元称为类物元，见表 3-4。

表 3-4 类物元

物	特征	量值
|螺栓|	长度	<20～350>mm
	直径	<2～40>mm
	头部形状	|六角头,圆头…|

注意事项：

1）一些物由多个部件组成，建立这些物的物元时，首先写出该物整体的特征和量值构成的物元，之后把物分解为部件，写出各部件的物元。

例如，凸轮机构由凸轮、推杆、机架及相关的连接零件组成，在对凸轮机构进行创新时，除了要用物元表示凸轮机构以外，还可根据需要用物元表示各个部件或零件，这样便于后续的拓展与变换。

2）将物元中的特征与量值抽取出来，组成特征元，这样便于理解物的特征，见表 3-5。

表 3-5 特征元

特征	量值
长度	300mm
直径	25mm
头部形状	六角头

3）量值域是指某物关于某特征的量值在一个范围内，如螺母的直径取值范围为<3，45>mm。

3.2.2 事元——产品功能的模型化表示

物与物的相互作用称为事，用事元来形式化地描述事。在产品创新中，事元是对产品功能和用户需要的模型化表示。

事元是由动词、特征、量值组成的有序三元组。事元的特征是相对稳定的，如施动对象（可理解为主语）、支配对象（可理解为宾语）、接受对象（可理解为宾语的定语）、时间、地点、程度、方式、工具等。例如，"为支座 E 装配连杆 D"这件事的事元表格描述见表 3-6。

表 3-6 事元表格描述

动词	特征	量值
装配 C	接受对象	连杆 D
	支配对象	支座 E
	…	…

事元能够形式化地描述做什么、谁做、为谁做、什么时间做、什么地点做、做的程度、做的方式、使用的工具等。例如，"工人甲于 2017 年 10 月 23 日在运输机旁以手工方式为减

速箱 D 更换了一个轴承 E ",这件事可以用事元表示为表 3-7 所示的形式。

表 3-7 事元实例

动词	特征	量值
更换 D	施动对象	工人甲
	支配对象	轴承 E
	接受对象	减速箱 D
	时间	2017 年 10 月 23 日
	地点	运输机旁
	方式	手工

由于产品的功能、用户的需要和企业的目标都是事件，故都可用事元形式化地进行描述。如"带传动 F 需要一个保护罩 E 进行安全保护",这里的"保护"可表示为表 3-8 所列的事元。

表 3-8 保护事元

动词	特征	量值
保护 D	施动对象	保护罩 E
	支配对象	带传动 F

机械设计领域常用的动词有滑动、拧动、安装、提高、提供、加工、压入、形成、啮合、组合、并联、串联、倒置、转动、推动、拟合、计算、平衡、调节、冲击、施加、传动、分析、设计、给定、求解、确定、评价等。还可用后面功能分析中本质描述的常用功能动词。

类似于物元，也有动态事元和类事元，见表 3-9 和表 3-10。

表 3-9 动态事元

动词	特征	量值
安装 (t)	施动对象	工人 (t)
	支配对象	螺栓 (t)
	接受对象	机座 (t)
	地点	车间 (t)
	工具	扳手 (t)

表 3-10 类事元

动词	特征	量值
{计算}	施动对象	{设计师 A,设计师 B…}
	支配对象	{强度,刚度,模数…}

3.2.3 关系元——产品结构的模型化表示

世界中任何物、事等与其他的物、事有千丝万缕的关系，而这些关系之间也是相互联系的，描述这种关系的基本元称为关系元。在产品创新中，关系元是产品结构的模型化表达。

关系元是由关系词、特征、量值组成的有序三元组。要注意关系元的特征也是相对稳定的，常用的有前项、后项、程度、方式等。例如，转动连接关系的表格描述见表3-11。

表3-11　关系元表格描述

动词	特征	量值
转动连接	前项	摇杆
	后项	机架
	…	…

机械设计领域常用的关系词有转动连接关系、滑动连接关系、点接触关系、线接触关系、面接触关系、旋入关系、嵌入关系、铆接关系等。

关系程度的变化表达关系的建立、加深、中断、恶化等，它可以是正值、零或负值。不同事、物的影响也会使关系产生变化，这些变化表现为关系程度的改变，描述这种变化的关系元称为动态关系元，见表3-12。同样还有类关系元。

表3-12　动态关系元表格描述

动词	特征	量值
滑动连接(t)	前项	滑块(t)
	后项	滑槽(t)

在产品创新中，有时改变关系名或关系元中任意一个特征的量值，可能会产生一种新产品。如把"上下关系"改为"左右关系"，把"嵌入"改为"旋入"等都可产生新产品。

3.2.4　复杂事物的模型化表示

1. 复合元

现实世界中的问题往往是非常复杂的，是事、物、关系组合或复合的结果。因此，描述这些现象时，需要使用物元、事元和关系元复合的形式，统称为复合元。研究复合元的构成、运算和变换是研究复杂问题的基础。

复合元可以有多种形式，如物元和事元复合而成的复合元、物元和关系元复合而成的复合元等。

例如，可以用物元和事元复合而成的复合元表达"用内六角扳手拧紧减速器上直径为12mm的螺栓"，见表3-13。

表3-13　复合元

动词	特征	量值
拧动	支配对象	(螺栓,直径,12mm)
	工具	(扳手,类型,内六角)
	地点	减速器上

2. 基元的逻辑运算

描述复杂的物、事和关系时，除了应用物元、事元、关系元和复合元外，还常常需要用到基元与基元之间、复合元与复合元之间的一些运算。复合元的运算较复杂，这里仅简单介绍基元常用的逻辑运算，想进一步了解复合元运算的读者请参考可拓学相关著作。

（1）基元的与运算 给定基元 $B_1 = (O_1, c_1, v_1)$，$B_2 = (O_2, c_2, v_2)$，B_1 和 B_2 的"与运算"是指既取 B_1，又取 B_2，记作

$$B = B_1 \wedge B_2 = (O_1 \wedge O_2, c_1 \wedge c_2, v_1 \wedge v_2) \tag{3-3}$$

（2）基元的或运算 给定基元 $B_1 = (O_1, c_1, v_1)$，$B_2 = (O_2, c_2, v_2)$，B_1 和 B_2 的"或运算"是指至少取 B_1 和 B_2 中的一个，记作

$$B = B_1 \vee B_2 = (O_1 \vee O_2, c_1 \vee c_2, v_1 \vee v_2) \tag{3-4}$$

例如，$M_1 =$（焊枪 D_1，功率，50W），$M_2 =$（热熔胶枪 D_2，功率，30W），则

$$M_1 \wedge M_2 = (焊枪\ D_1 \wedge 热熔胶枪\ D_2, \quad 功率, \quad 50W \wedge 30W)$$

表示同时取物元 M_1 和 M_2。而

$$M_1 \vee M_2 = (焊枪\ D_1 \vee 热熔胶枪\ D_2, \quad 功率, \quad 50W \vee 30W)$$

表示至少取物元 M_1 和 M_2 中的一个。

（3）基元的非运算 基元 $B = (O, c, v)$ 的非运算，包括"对象的非"和"量值的非"，分别记作

$$\overline{B}_O = (\overline{O}, c, v), \overline{B}_v = (O, c, \overline{v}) \tag{3-5}$$

例如，设

$$M = \begin{pmatrix} 底座\ D, & 宽度, & 100mm \\ & 长度, & 300mm \end{pmatrix}$$

则

$$M = \begin{pmatrix} \overline{底座\ D}, & 宽度, & 100mm \\ & 长度, & 300mm \end{pmatrix}$$

表示除了底座 D 之外，所有宽度为 100mm、长度为 300mm 的底座。而

$$M = \begin{pmatrix} 底座\ D, & 宽度, & \overline{100mm} \\ & 长度, & \overline{300mm} \end{pmatrix}$$

表示宽度非 100mm、长度非 300mm 的底座 D。

3.2.5 核心问题确定

如前所述，创新与发明的核心问题分为三类：矛盾问题、功能实现问题和如何做的问题。下面介绍这三类问题的可拓模型。

1. 矛盾问题

可拓学中的矛盾一般是目标和条件之间的矛盾，即不相容问题，也存在目标间的矛盾，即对立问题。

首先分析创新问题的目标是什么，用事元来描述目标。例如，客户需要一种行程能够改变的曲柄滑块机构，这个目标就是（改变，支配对象，行程）。创新问题有时有多个目标。

之后寻求创新问题的条件，即现有的资源或环境条件，用物元或关系元来描述。例如，现有的曲柄滑块机构中的曲柄、连杆、摇杆等组成的物元。

通过分析创新问题，如果是目标与条件的矛盾，则是不相容问题，这时应建立目标事元与条件物元（或关系元）的与运算模型，见式（3-6）。如果是目标间的矛盾，则是对立问

题，这时需要建立目标事元间的与运算模型，见式（3-7）。

$$P = G * L \tag{3-6}$$
$$P = (G_1 \wedge G_2) * L \tag{3-7}$$

2. 功能实现问题

对于功能实现问题，可以建立该功能相关的事元，把不能实现特征（如程度）或量值（如不足或有害）表述清楚，为后续的拓展、变换提供依据。

3. 如何做的问题

对于如何做的问题，可以建立事元模型，列出工具或方式特征，后续对工具或方式特征的量值进行拓展、变换求解。

3.3 功能分析

问题与思考

什么是功能？功能的三要素是什么？功能有哪些类型？功能分析的流程如何？超系统组件有哪些类型？

3.3.1 功能的概念

19 世纪 40 年代，美国通用电气公司的工程师迈尔斯首先提出功能的概念，并把它作为工程研究的核心问题，他将功能定义为"起作用的特性"，认为顾客买的不是产品本身，而是产品的功能，功能是产品存在的目的。例如，空调的功能是调节温度，洗衣机的功能是移除脏物。TRIZ 将功能定义为"功能载体改变或保持功能对象的某个参数的行为"，可表述为"功能载体 X 改变（或保持）功能对象 Z 的参数 Y"。功能根据其结果是参数改变沿着期望的方向还是背离了期望的方向，分为有用功能和有害功能。根据功能的级别或功能的对象分类，有基本功能、辅助功能、附加功能。

1. 功能的三要素

功能的定义中体现了其三要素：功能载体 X、功能对象 Z、参数 Y。这三个要素遵循下述规则：

1）功能载体 X 和功能对象 Z 都是组件（物质、场或物质-场组合）。

2）功能载体 X 与功能对象 Z 之间必发生相互作用。

3）相互作用产生的结果是功能对象的参数 Y 发生改变或者保持不变。

2. 功能分析的目的

1）明确各功能之间的相互关系，合理地匹配功能。

2）简化技术系统，优化系统结构，降低成本，提高产品价值。

3）使产品具有合理的功能结构，满足用户对产品功能的需求。

4）确定必要功能，发现不必要功能和过剩功能，弥补不足功能，去掉不合理功能以及消除有害功能。

3. 功能分析的内容

1）确定技术系统所提供的主功能。

2）研究各组件对系统功能的贡献。

3）分析系统中的有用功能及有害功能。

4）对于有用功能，确定功能等级及性能水平（正常、不足、过度）。

5）建立组件功能模型，绘制功能模型图。

4．功能分析中涉及的技术系统的概念

（1）技术系统　技术系统是由相互联系的组件与组件之间的相互作用以及子系统组成的，可以实现某种（些）功能。例如，计算机是一个技术系统，则内存条、主板、CPU、机箱、网卡、声卡等是构成这一技术系统的子系统和系统组件。

（2）组件　组件是组成技术系统或超系统的一部分，是由物质或场组成的一个物体，如内存条是计算机系统的一个组件。

（3）超系统　超系统是以技术系统为组件的系统，或者不属于系统本身但是与系统及其组件有一定相关性的系统。例如，计算机需要桌子支撑，需要使用者操作，这时桌子、使用者就是计算机的超系统。

3.3.2　功能描述

功能描述是指对分析对象及其组成部分所应具有的各种功能，用简明、准确的语言进行本质描述。功能一般采用"动词+名词"的方式描述，例如，支座的功能：支撑构件；齿轮的功能：传递运动；风扇的功能：移动空气等。这里要注意功能直觉描述与本质描述的区别，例如，电吹风的功能，直觉描述为吹干头发，而本质描述为蒸发水分；洗衣机的功能，直觉描述为洗衣服，而本质描述为移除脏物。

常用的本质描述的功能动词：吸收、聚集、装配（组装）、弯曲、拆解、相变、清洁、凝结、冷却、腐蚀、分解、沉淀、破坏、检测、干燥、嵌插、侵蚀、蒸发、析取、煮沸、加热、支撑、告知、连接、定位、混合、移动、定向、擦亮、防护、阻止、加工、保护、移除、旋转（转动）、分离、稳定、振动、开动、包括、过滤、调整、扩大、控制、点燃、遮蔽、应用、创造、生成、储藏、改变、放射、预防、矫正、支持、传递、建立、限制、减少、转移、引导、紧固、定位、留下、弄乱等。

功能也可图形化描述，一般常用箭头和矩形框来表示（动宾结构），其中箭头代表动词（动作），矩形框代表名词（组件），如图 3-1 所示。

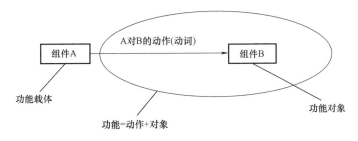

图 3-1　功能的图形化描述

功能图形化描述中的箭头线线型见表 3-14。

表 3-14　功能图形化描述

功能分类	功能等级	性能水平	成本水平	箭头线线型
有用功能	基本功能 B	正常 N	微不足道的 Ne	→
	辅助功能 Ax	过度 E	可接受的 Ac	┼┼┼┼┼→
	附加功能 Ad	不足 I	难以接受的 UA	‑‑‑‑‑→
有害功能	H	—	—	∿∿∿→

功能的图形化描述有时也可补充地点、时间之类的说明。以货车和圆珠笔为例，其功能描述如图 3-2 和图 3-3 所示。

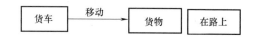

图 3-2　货车的功能描述

1）货车　移动　货物　在路上。
2）圆珠笔　留下　痕迹　在纸上。

3.3.3　功能分析流程

功能分析流程如图 3-4 所示。其中，组件分析给出系统组成及各组件的层次；结构分析给出组件之间的相互作用关系；功能建模是用规范化的功能描

图 3-3　圆珠笔的功能描述

述，表示出整个技术系统所有组件之间的相互作用关系以及如何实现系统功能。

3.3.4　功能建模及其实例

图 3-4　功能分析流程

功能建模是以图形化描述来说明创新问题系统组件的相互作用，为后续的改进系统、裁剪系统提供模型。

1. 组件分析

组件分析步骤回答了技术系统是由哪些组件组成的，包括系统作用对象、技术系统组件、子系统组件，以及和系统组件发生相互作用的超系统组件。建议将技术系统至少分为两个组件级别，即系统级别和子系统级别。

组件模型可以使用图框或表格来表示。图框表示的组件模型如图 3-5 所示，其中系统组件用矩形框表示，超系统组件用六边菱形表示，系统作用对象用圆角矩形表示。

建立组件模型有以下原则：

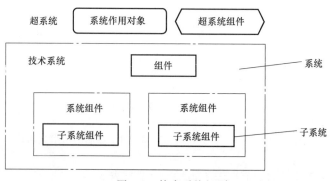

图 3-5　技术系统级别

1）在特定的条件下分析具体的技术系统。

2）根据技术系统组件的层次建立组件模型。

3）根据层次等级建立初始组件模型，然后进一步分析完善组件模型。

4）组件模型包含了超系统的某些组件，该组件应与系统组件有相互作用关系。

5）技术系统在其生命周期的不同阶段具有不同的超系统，针对技术系统生命周期中的各个阶段，可建立独立的不同的组件模型。

超系统为可影响整个分析系统的要素，但设计者不能针对该类要素进行改进。超系统具有以下特点：超系统不能删除或重新设计；超系统可能使工程系统出现问题；超系统可以作为工程系统的资源，也可以作为解决问题的工具；超系统对系统有影响时才被考虑进来。

技术系统不同生命周期阶段的典型超系统组件：生产阶段的设备、原料生产场地等；使用阶段的产品、消费者、能量源、与对象有相互作用的其他系统等；储存和运输阶段的交通手段、包装、仓库和储存手段等；另外，还有与技术系统作用的外界环境——空气、水、灰尘、热场、重力场等。

案例1　以电热水壶为例，采用表格的形式建立系统组件模型，见表3-15。

表3-15　电热水壶组件模型表

系统	子系统	超系统
电热水壶	壶盖 壶身 密封圈 底盘 手柄 电源底座 插头	水 桌子 插座

案例2　以排插为例，采用图框的形式建立系统组件模型。如图3-6所示，图框内仅给出与插头相关的排插组件，图框中超系统的插头是指其他电器的插头。

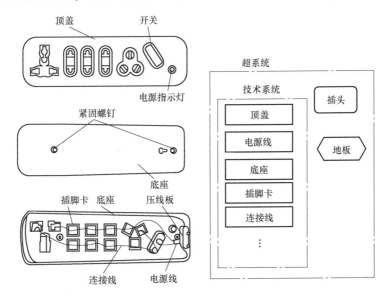

图3-6　排插组件模型

2. 结构分析

结构分析是在组件分析的基础上，分析组件间的相互关系，建立结构模型。结构模型描述了系统组件模型中各组件之间的相互作用关系，一般采用关系矩阵表的形式来表达，用"+"表示组件间有作用，用"-"表示组件间没有相互作用。以排插为例，建立系统组件结构模型，见表3-16。

表 3-16　排插的结构模型

	顶盖	电源线	底座	插脚卡	连接线	插头	地板
顶盖		+	+	+	-	+	-
电源线	+		-	-	+	-	+
底座	+	-		-	+	-	+
插脚卡	+	-	-		+	+	-
连接线	-	+	-	+		-	-
插头	+	-	-	+	-		-
地板	-	+	+	-	-	-	

3. 功能建模

功能建模是在结构模型的基础上，采用规范化的功能描述来表示组件之间的相互作用关系。功能建模时，需要将待分析各组件间的所有作用关系表达出来，形成系统功能模型。功能模型有两种形式：功能分析表和功能模型图。建立功能模型的原则如下：

1）针对特定条件下的具体技术系统进行功能描述。

2）只有在作用中才能体现功能，所以在功能描述中必须用动词来反映该功能。不能采用不体现作用的动词，也不能采用否定动词。

3）功能存在的条件是作用改变了功能对象的参数。

4）功能描述包括作用与功能对象，体现作用的动词能表明功能载体要做什么；功能对象应是物质，不能是参数。

5）在描述功能时可以增添补充部分，指明功能的作用区域、作用时间、作用方向等。

以排插为例，其功能分析表见表3-17，功能模型图如图3-7所示。

表 3-17　功能分析表

功能载体	功能名称	功能等级	性能水平
底座	支撑顶盖	B	N
	划伤地板	H	—
顶盖	支撑电源线	B	N
	支撑插脚卡	B	N
	支撑插头	Ax	N
插脚卡	支撑连接线	B	N
	引导插头	B	I
连接线	连接插脚卡	B	N
电源线	弄乱地板	H	—
地板	支撑底座	B	N
	支撑电源线	B	N

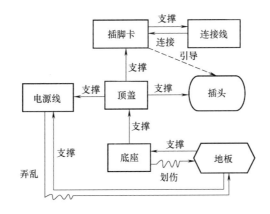

图 3-7　排插的功能模型图

3.4　因果分析

问题与思考

什么是因果分析？因果分析有哪些方法？5W 分析法的流程是什么？什么是鱼骨图？怎么进行因果轴分析？为什么要将原因标准化？

3.4.1　概述

因果分析是指从系统存在的问题入手，层层分析导致问题产生的原因，直至分析到最后不可分解为止。因果分析可以向两个方向进行：向着求因的方向，即由现在反逆到过去；向着求果方向，即由现在分析未来。

因果分析的目的，是梳理问题中隐含的逻辑链及其形成机制，找出问题产生的根本原因；从梳理出的逻辑链及其形成机制中找出解决问题的所有可能的突破点；从所有可能的突破点中找出最优的突破点。

常见的因果分析法有

5W 分析法、鱼骨图分析法、因果轴分析法（三轴分析法中的一部分）、因果树分析法等。

因果分析的步骤如下：

1）标记存在问题的组件，即通过组件价值分析，找出理想度指标最低的系统进行根本原因分析。

2）判断可能导致问题产生的功能。

3）根据功能判别存在问题的参数。

4）依次继续查找原因和结果，分析根本原因。

因果分析的结束条件包括：

1）当不能继续找到下一层的原因时。

2）当达到自然现象时。

3）当达到制度、法规、权力或成本的极限时。

3.4.2 5W分析法

5W分析法，是通过不断询问"为什么"来寻求现象发生的根本原因的方法。它是由丰田公司提出的，又称为五问法、5Why分析法。

5W分析法对一个问题连续发问5次，每一个"原因"都会紧跟着另外一个"为什么"直到问题的根源被确定下来。注意：5Why不一定就是5个为什么，可能是1个为什么就找到了根本原因，也可能是10个为什么都没有找到根本原因。

1. 5W分析法的应用步骤

5W分析法的应用步骤如图3-8所示，当遇到问题（不正常情况）时，先问第一个为什么，获得答案后，再问为何会发生，以此类推，层层推进，直到发现问题的根本原因，并确定治本对策。

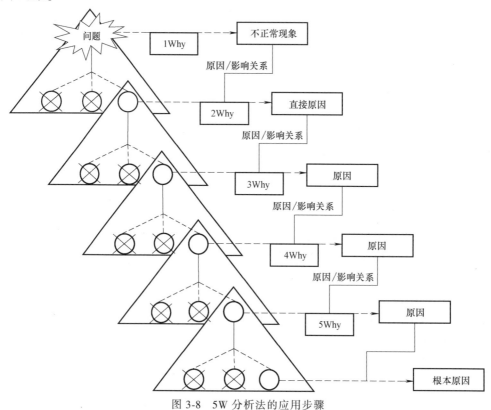

图3-8　5W分析法的应用步骤

2. 5W分析法的常用工具及实例

5W分析法的常用工具有链式图表、研讨表，表3-18为车间机器停转问题的5W分析研讨表。

表3-18　车间机器停转问题的5W分析研讨表

次数	为什么	原因	即时对策
1	为什么机器停转了	机器超负荷，熔丝熔断了	更换熔丝
2	为什么会超负荷	轴承润滑不够	加润滑油
3	为什么润滑不够	油泵抽不上润滑油	更换油泵
4	为什么抽不上油	油泵的轴磨损，松动了	更换油泵轴
5	为什么磨损了	润滑油中混有杂质	安装过滤器

3.4.3 鱼骨图分析法

鱼骨图分析法是一种发现问题根本原因和透过现象看本质的分析方法，因其形状很像鱼骨，故称为鱼骨图。该方法是日本管理大师石川馨于1953年提出的，也称石川图法。

1. 鱼骨图的类型

鱼骨图有三种类型：整理问题型、原因型、对策型。整理问题型是当各要素与特性值间的关系不是原因关系，而是结构构成关系时，对问题进行结构化整理。原因型是鱼头在右，特性值通常以"为什么……"的形式来写。对策型是鱼头在左，特性值通常以"如何提高和概述……"的形式来写。

2. 鱼骨图的基本结构

鱼骨图由特性①、主骨②、要因③、大骨④、中骨⑤、小骨⑥、孙骨⑦组成，如图3-9所示。

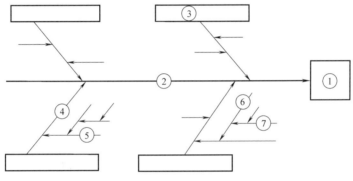

图3-9 鱼骨图的组成

3. 鱼骨图的绘制

（1）确定问题的特性　特性就是"工作的结果（或需要解决的问题）"，可通过头脑风暴法集体讨论确定需要解决的问题，如图3-10所示。

（2）特性和主骨　特性写在右端，用方框圈起来。主骨用粗实线画，加箭头标志，如图3-11所示。

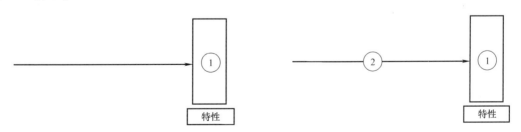

图3-10　问题特性的确定　　　　　　图3-11　特性与主骨

（3）大骨和要因　大骨上分类书写3~6个要因，用方框圈起来，如图3-12所示。注意：绘图时，应保证大骨与主骨成一定夹角（如45°、60°），中骨与主骨平行。要因有不同的确定方法：对于制造类问题，通常采用6M要素（Man，人员；Measurement，测量；Mother-nature，环境；Methods，方法；Materials，材料，Machine，机器）；对于服务与流程类问题，通常采用政策、人员、测量、过程、地方、环境等要素。

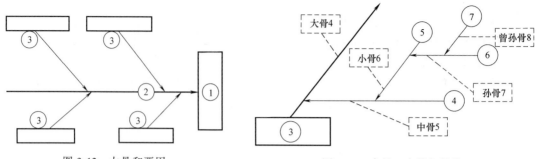

图 3-12 大骨和要因　　　　　　　图 3-13 中骨、小骨与孙骨

（4）中骨、小骨与孙骨　中骨要描述"事实"；小骨要围绕"为什么会那样"来写；孙骨要更进一步地追究"为什么会那样"，如图 3-13 所示。

中骨、小骨与孙骨的描述要点：围绕问题系统整理要因，一般采用"主语+谓语"的形式描述，如"压力不足""注意不足""软管长""涂料飞溅"等；也可采用"没有……"的动宾形式来描述，如"没有照明""没有盖子""没有报警""没有干劲"等。应考虑对特性影响的大小和制定对策的可能性，深究要因（不一定是最后的要因），这些深究的要因称为"根要因"，用"○"标记。例如，图 3-14 所示为针对"制动导管长度不良"在机器方面的中骨、小骨、孙骨、曾孙骨等的分析，其中"气缸漏气"是一个根因，用"○"标记。

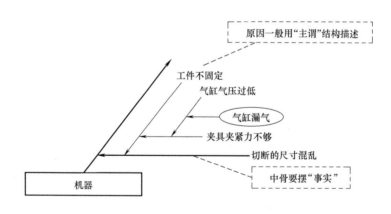

图 3-14 制动导管长度不良在机器方面的鱼骨图分析

图 3-15 所示为焊接质量问题的鱼骨图分析实例，从人、机、料、法、环五个方面对管道焊接裂纹问题进行了原因分析。

3.4.4 因果轴分析法

1. 三轴分析法

三轴分析法是沿流程时序轴（操作轴）、系统层次轴（系统轴）和因果关系轴（因果轴）对初始问题进行分析与定义，将复杂的工程问题分解为若干子问题，以帮助人们发现

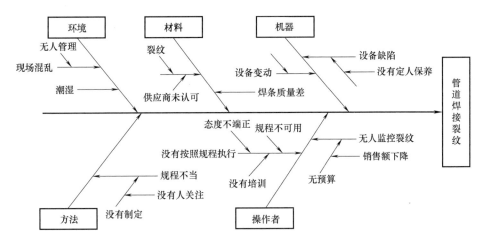

图 3-15　焊接质量问题的鱼骨图分析

隐藏在表层问题之下的真正问题，以及充分利用系统资源的方法，如图 3-16 所示。

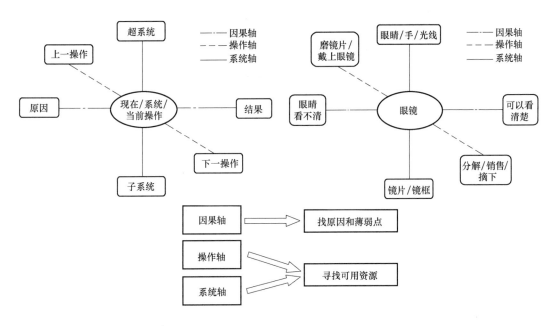

图 3-16　三轴分析法

三轴分析法的目的，是发现问题产生的根本原因，寻找解决问题的薄弱点，并分析解决问题的资源，以降低解决问题的成本。

下面主要介绍三轴分析法中的因果轴分析法。

2. 因果轴分析法的定义

因果轴（或称因果链）分析法是通过构建因果链来探明事件发生的原因和所产生结果之间关系，以找出问题产生的根本原因的分析方法。

因果轴分析的目的：寻求根本原因与所产生结果之间的一系列因果关系，构建一条或多条因果链（图 3-17），发现问题产生的原因与链中的"薄弱点"，从而找到解决问题的切入点。

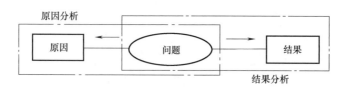

图 3-17　因果链

从图 3-17 中可以看到，因果轴分析分为两部分：一是从问题出发，往前寻找问题出现的原因，如图 3-18 所示；二是从问题出发，往后寻找问题将导致的结果，如图 3-19 所示。

3. 因果轴分析的步骤

如前所述，因果轴分析是由原因轴分析和结果轴分析组成的，因而要分两步走。

（1）原因轴分析

目的：了解事件的根本原因，确定解决问题的最佳时间点。

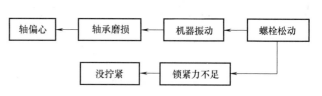

图 3-18　从问题寻找原因

分析过程如下：

1）从发现的问题出发，列出其直接原因。

2）以这些原因为结果，寻找产生这些结果的上一层原因，……依此方法继续分析，直至找到根本原因。

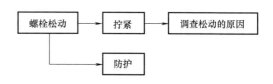

图 3-19　从问题寻找结果

3）结束原因轴分析的判定条件：当不能继续找到上一层的原因，或达到自然现象，或达到制度、法规、权力、成本等的极限时，则不再寻找原因，如图 3-20 所示。

对应一个问题，可能会有多个原因，因此原因轴可以有多条链。

（2）结果轴分析

目的：了解问题可能造成的影响，并寻找可以掌控结果发生、蔓延的时机和手段。

图 3-20　原因链

分析过程如下：

1）从目前的现象出发，推测其继续发展可能会造成的各种结果。

2）从每个直接结果出发，再寻找可能产生的下一步结果，……依此方法继续进行分析。

3）结束结果轴分析的判定条件：当不能继续找到下一层的结果，或达到重大人员、经济和环境损失，或达到技术系统的可控极限时，应结束分析。

4）将每个问题与其结果用箭头相连接，箭头从问题指向结果，构成结果链，如图 3-21 所示。

对应一个问题，可能会有多个结果，因此结果轴可以有多条链。

进行因果轴分析时要注意以下几点：

图 3-21 结果链

1）如果因果关系不能确定，则应增加其他方法进行分析，如定性分析或定量分析。

2）如果同一个结果有多个原因，则应分析这些原因与造成的问题（现象）之间，以及原因之间的关系，通常只有一个是原因，其他是导致结果出现的条件。

3）有时候从一个实际问题开始进行结果轴分析，其严重后果已经显而易见，就不要继续分析结果轴。如果一个问题将引发后续多种后果，则有必要了解这些后果出现的关系，如时间先后关系、共存关系或排斥关系。

4. 原因的规范化描述

因果轴分析中将原因规范化有利于提高分析效率，其原则与功能描述原则一致，也是采用动宾结构（V+O）。

问题：功能没有达到预期的效果，功能对象的参数表现为偏离目标值。

原因：因果是相对的，如果对象的某参数没有达到预期要求，将直接导致结果的参数偏离目标值。

原因的规范化描述类型如下：

（1）缺乏　对象应该提供有用的功能，但是没有对象提供此功能。规范化描述：缺乏—物体。

案例：锁芯缺乏润滑，导致钥匙转动不灵活，开锁不顺利。

开锁不顺利的原因：缺乏—润滑油。其图形化描述如图 3-22a 所示。

（2）存在　某个对象在提供有用作用的同时，也产生了有害作用。规范化描述：存在—对象。

案例：机器表面上的油漆使机器更美观了，但油漆会挥发出影响工人健康的气体。

影响工人健康的原因：存在—油漆。其图形化描述如图 3-22b 所示。

（3）有害　某个对象提供的全是有害功能。规范化描述：有害—对象。

案例：智能手机的功能很多，且屏幕较大、较亮，给人们带来了许多便利，但是亮屏会损害眼睛。

损害眼睛的原因：有害—亮屏。其图形化描述如图 3-22c 所示。

（4）过度　有用功能超过上阈值而产生了有害影响。规范化描述：过度—参数—对象。

案例：发动机节气门开启最大时马力很足，但满负荷工作一段时间后发动机报废了。

发动机报废的原因：过度—功率—发动机。其图形化描述如图 3-22d 所示。

（5）不足　有用功能低于下阈值而效果不足。规范化描述：不足—参数—对象。

案例：手机用了两年后，需要经常充电。

手机经常充电的原因：不足—待机时间—手机电池。其图形化描述如图 3-22e 所示。

（6）不可控　有用功能无法有效控制其性能水平。规范化描述：不可控—参数—对象。

案例：乘坐公交车上班，经常因为塞车而导致上班迟到。

上班迟到的原因：不可控—到达时间—公交车。其图形化描述如图 3-22f 所示。

（7）不稳定　有用功能的性能水平不够稳定，从而带来了有害影响。规范化描述：不稳定—参数—对象。不可控的原因有时也可表示为不稳定。

案例：铣床加工精度不稳定，使得轴上键槽的尺寸参差不齐。

键槽尺寸参差不齐的原因：不稳定—精度—铣床。其图形化描述如图 3-22g 所示。

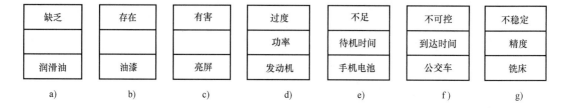

图 3-22　原因的规范化描述

5. 因果轴分析案例

刚性链销轴易卡死的因果轴分析如图 3-23 所示。

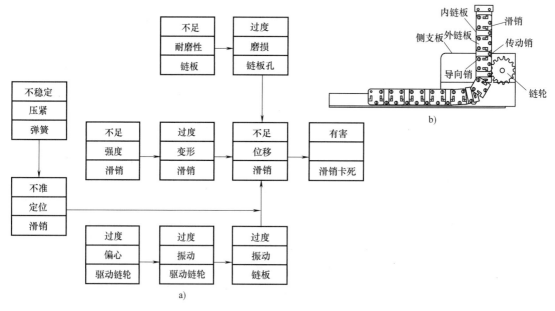

图 3-23　刚性链销轴易卡死的因果轴分析

3.4.5　因果树分析法简介

因果树分析法是从问题入手，逐层寻求原因，直到根本原因出现，最终形成一幅树状的因果分析图，如图 3-24 所示。对于核心原因，优先采取相应的对策进行处理，达到接近问题的目的。因果树分析法可以用来进行问题识别（寻求核心问题）和问题决策（问题求解），一般用作故障分析、事故分析法等，通常也称为故障树分析法，是美国贝尔实验室于1962 年开发的。

因果树中，原因与结果存在不同的关系：①一个原因导致一个结果，如图 3-25a 所示；

②多个原因导致一个结果，原因之间是"或"的关系，如图 3-25b 所示；③多个原因导致一个结果，原因之间是"且"的关系，如图 3-25c 所示。

铜板表面产生绿斑的因果树分析，如图 3-26 所示。

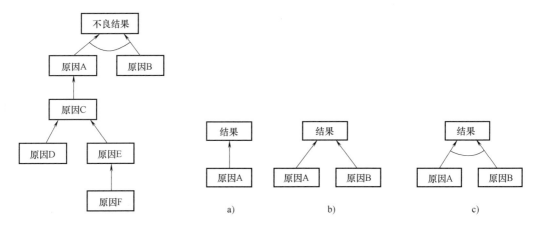

图 3-24　因果树分析示意图　　　　　　　图 3-25　因果关系示意图

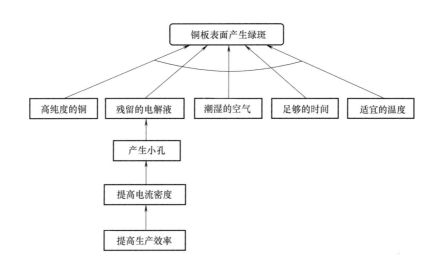

图 3-26　铜板表面产生绿斑的因果树分析

3.5　物场模型

问题与思考

什么是物质与场？有哪些物质与场？物场模型的要素有哪些？物场模型有哪些类型？

3.5.1　物场分析概述

物场分析法是指从物质和场的角度来分析和构造最小技术系统的理论与方法学，是

TRIZ 中一种重要的问题识别和分析工具。它通过建立系统中结构化的问题模型来正确地描述系统中的问题，用符号语言清楚地表达技术系统（子系统）的功能，正确地描述系统的构成要素以及构成要素之间的相互联系。

物场分析法针对技术系统存在的功能问题进行建模，即物场模型（也称物质-场模型），然后根据物场模型的类别选择不同的解法进行求解。

3.5.2 物场模型的构建

每个技术系统的出现都是为了实现某种确定的功能，即产品是功能的实现。这些功能应满足三条定律：①所有的功能都可以分解为三个基本元素（两种物质——S_1 和 S_2，场 F）；②一个存在的功能必须由这三个基本元素组成；③对相互作用的三个基本元素进行有机组合将形成一个功能。

为方便表示，用一个三角形对功能进行模型化，三角形下面的两个角代表两种物质（或称物体），上面的角代表场（或称作用、效应）。物质可以是工件或工具，场是能量形式。通常，任何一个完整的系统功能都可以用一个完整的物场三角形进行模型化，称为物场模型（或物质-场模型），如图 3-27 所示。如果是一个复杂的系统，则可以用多个物场三角形进行模型化。

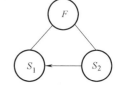

图 3-27　物场基本模型

从上面的说明可以看到，物场分析法引入了三个基本概念：物质、场、相互作用。

物质是指任何一种物质，包括各种材料、技术系统（或其子系统）、外部环境甚至各种生物，如桌子、方位、空气、水、地球、太阳、人、计算机等。物质用符号 S 表示，对于一个系统中的多种物质，可以利用下角标的序号加以区别，如 S_1、S_2、S_3 等。

场是引起物质粒子相互作用的一种物质形式，包括物理学中的重力场、电磁场、强相互作用场（核力场）、弱相互作用场（基本粒子场），以及技术系统中的场（如力场、声场、热学场、电场、磁场、电磁场、光场、化学场、气动场等，见表 3-19），还包括物质之间的任何相互作用（如拍打、承受、损害、加热等）。场用符号 F 表示，对于一个系统中的多种场，可以利用下角标的序号加以区分，如 F_1、F_2、F_3 等。

表 3-19　技术系统中的场

符号	名称	举例
G	重力场	重力
Me	机械场	压力、惯性力、离心力
P	气动场	空气静力学、空气动力学
H	液压场	流体静力学、流体动力学
A	声学场	声波、超声波
Th	热学场	热传导、热交换、绝热、热膨胀、双金属片记忆效应
Ch	化学场	燃烧、氧化反应、还原反应、溶解、键合、置换、电解
E	电场	静电、感应电、电容电
M	磁场	静磁、铁磁

（续）

符号	名称	举例
O	光学场	光（红外线、可见光、紫外线）、反射、折射、偏振
R	放射场	X射线、不可见电磁波
B	生物场	发酵、腐烂、降解
N	粒子场	α、β、γ 粒子束，中子，电子，同位素

案例1 车床车削阶梯轴可以描述为：S_1—阶梯轴（工件）；S_2—车床（工具）；F—车削（机械场）。车削阶梯轴的物场模型如图3-28所示。

案例2 工人用高压水枪清洗汽车上的污垢可以描述为：S_1—污垢（工件）；S_2—高压水枪（工具）；F—清洗（液压场）。清洗汽车的物场模型如图3-29所示。

图3-28 车削阶梯轴的物场模型

图3-29 清洗汽车的物场模型

相互作用是指在场与物质的相互作用与变化中，所实现的某种特定功能。在场作用下，物质 S_1 与 S_2 之间的相互作用的常见类型见表3-20。

表3-20 两物质间相互作用的常见类型

符号	意义	符号	意义
→——→	期望的作用	～～～→	有害的作用
- - - →	不足的作用	─╫╫╫→	过度的作用

3.5.3 物场模型的种类

建立物场模型有助于使问题聚焦于关键子系统上并确定问题所在的特别"模型组"。事实上，任何物场模型的异常表现，都来自于这些模型组中所存在的问题。

物场模型可以用来描述系统中出现的结构化问题，这些问题主要有以下五种类型：

（1）有用且充分的相互作用　以用扳手拧螺栓为例，扳手的长度合适，力矩能够拧紧螺栓，如图 3-30a 所示。

（2）有用但不充分的相互作用　以用扳手拧螺栓为例，扳手较短，可以拧动螺栓，但力矩不够，导致螺栓无法拧紧，如图 3-30b 所示。

（3）有用但过度的相互作用　以用扳手拧螺栓为例，扳手过长，刚一用力，便会因力矩过大而导致螺栓滑丝，如图 3-30c 所示。

（4）有害的相互作用　以用扳手拧螺栓为例，扳手开口不合适，将螺栓六角头拧坏，手撞到机器上划伤了，如图 3-30d 所示。

（5）缺少元素　以用扳手拧螺栓为例，想拧紧螺栓，但缺少螺栓或扳手。

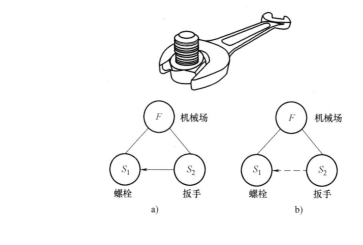

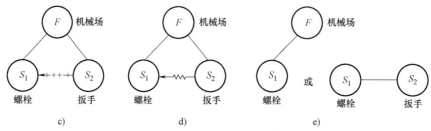

图 3-30　物-场模型的类型

TRIZ 重点关注三种模型，即效应不足模型（不充分模型）、缺失模型（不完整模型）、有害效应模型（包含过度模型），并提出 6 种一般解法和 76 个标准解应对这三种模型，具体内容将在第 6 章介绍。

3.6　问题识别工具的选择策略

问题与思考

如何选择问题识别工具？

前面介绍了几种常用问题识别工具，下面介绍其选择策略。

1. 根据问题类型来选择

遇到创新发明问题时，如果能够先意识到问题的类型，如矛盾问题、功能实现问题、如何做的问题，则可以采用以下策略：

1）对于矛盾问题，可以采用可拓建模、功能分析来建立问题模型。

2）对于功能实现问题，可以采用物场模型、功能分析、可拓建模来建立问题模型。

3）对于如何做的问题，可以采用因果分析、可拓建模来建立问题模型。

4）对于暂时无法确定的问题，可以用可拓建模来建立问题模型。

2. 根据学习难度来选择

可以根据创新工具难度来选择工具，优先选择难度值低的工具。通过初步调研，各种问题识别工具的难度见表3-21。

表 3-21　问题识别工具的难度

问题识别工具	难度
可拓建模	3.45
功能分析	3.27
因果分析	3.52
物场模型	3.08

 练一练

1. 物等于物元吗？扳手是物元吗？

2.（水杯，盖子，70mm）正确吗？

3.（螺钉旋具，拧紧，螺母）正确吗？

4. 拧螺钉是事元吗？

5.（停止，车削，螺纹）正确吗？（拧紧，螺栓，螺钉旋转）正确吗？

6. 连接关系是关系元吗？（连接关系，轴，齿轮孔）正确吗？

7. 请定义以下产品的功能：手机、电线、花瓶、订书机、装在十字路口的红绿灯、空调、电视机、窗户、锁、行李箱。

8. 请对身边的一种产品（如订书机、卷尺、卷笔刀、打孔机、眼镜、自行车、果汁机等）进行组件分析和相互作用分析，然后建立功能模型。

9. 请对身边的一些不良问题（如手机在建筑物内通信不良、车削精度不高等）进行5W分析。

10. 请对身边的一些问题（如上课注意力不集中、键槽加工误差大等）进行鱼骨图分析。

11. 三轴分析的目的是什么？包括哪三轴？

12. 在进行因果轴分析时，可以用哪些方法来分析系统中问题的产生原因与将导致的结果？

13. 说明因果轴分析的步骤。

14. 因果轴分析中的原因规范化描述有哪几类？

15. 哪些原因不需要参数？

16. 针对日用产品存在的问题（如洗衣机洗衣不干净、自行车易掉链等）进行因果轴分析。

17. 物场模型有哪些要素？

18. 物场模型有什么作用？有哪些类型？

19. 过度作用与有害作用的区别是什么？

20. 试给出 2~3 个物场模型的实例，并指出其类型。

21. 请比较这些问题识别工具，说明你认为方便使用的工具，并给出相应的理由。

第 4 章

问题分析

内容摘要：

识别问题后，需要对问题进行分析，这是创新发明的重要阶段，只有将问题分析透彻，才能为后面的问题求解提供依据。问题分析是在找到核心问题的基础上，借鉴以前的经验或其他领域的经验进行拓展，去找矛盾、找路径、找资源等。本章将介绍问题分析的作用及问题分析工具等内容。

4.1 概述

问题与思考

什么是问题分析？哪些工具可以用来进行问题分析？

问题分析，是在问题识别的基础上，对核心问题进行搜索或分析，找到问题的预期效应与实际效应之间的偏差，进一步寻求拓展的方向，为求解奠定基础。

问题分析也需要工具的辅助，分析工具包括功能导向搜索、拓展方法、矛盾分析、How to 模型、多屏幕法、STC 算子法、资源分析法等。

4.2 功能导向搜索

问题与思考

什么是功能导向搜索？关键词如何处理？功能导向搜索如何实施？

功能导向搜索（Function-Oriented Search，FOS）是基于已有成熟方案来分析和解决问题的工具。功能导向搜索将功能进行通用化处理，行为和对象"双管齐下"。例如，可以将油、水、酒等物体通用化为"液体"，将焊接、铆接、胶接等通用化为"连接"，将浓缩苹果汁通用化为"将浆状物中的液体分离"。

功能导向搜索可以在已有的解决方案中寻找需要的方案，不管这种方案是在其他企业，还是在其他行业，一旦发现类似的解决方案，就可以非常容易地将它们转化为自己的解决方案。由于功能导向搜索使用的是现有的解决方案，与新发明相比，实现起来容易，所消耗的资源（人力、时间、研发经费等）也更少。而且这种方法得出的解决方案大多经过实践证实，方案实施成功的概率很高。

功能导向搜索通过借鉴其他行业现有的成功解决方案，进行不同应用领域的迁移，是问题分析的重要工具，应优先使用。

功能导向搜索的主要步骤如下：

（1）问题识别　对所要解决的问题进行简要描述，明确问题定义，找到所需解决的关键问题，分析具体执行功能，确定所需参数。

（2）功能一般化（通用）处理　明确行为和对象，把握技术系统的关键功能，限定实际问题的范围，进一步明确问题。

（3）识别领先领域　搜索其他相关或不相关领域中执行类似功能的技术，这里需要不同专业的技术人员进行交流，充分了解各行业可能存在的类似功能。

（4）搜索领先领域解决方案　确定领先领域后，对该领域进行专利查询，对查询到的专利进行整理，得到功能导向搜索最终结果。另外，也可以从科学效应库中进行查询。

其中，问题识别与功能一般化处理在第3章已经叙述，这里主要介绍识别领先领域和搜索领先领域解决方案的内容。

案例：往复直线运动工作台的设计。

现需要设计一种能够实现往复直线运动的工作台，要求在无电气控制装置的条件下，工作台能够借助机械装置自动执行往复直线运动。

应用功能导向搜索方法，按照其流程进行分析，见表4-1。

表4-1　往复直线运动工作台的功能导向搜索

步骤	结　果
问题识别	通过机械装置实现工作台的往复直线运动，即在无电气控制装置的条件下，完全以机械结构实现功能
功能一般化处理	关键功能：往复运动
识别领先领域	机械加工领域
搜索领先领域解决方案	图4-1所示为一种常见的往复直线运动装置

图4-1所示往复直线运动装置的基本原理是通过控制器控制电动机的正反转，使滚珠螺杠正反转，从而带动滑台在线性滑轨上往复运动。这种装置虽然可以实现往复直线运动，但需要控制电动机的正反转，应进一步改进。继续搜索专利，发现一种不完全齿轮机构能够在不用控制电动机正反转的情况下实现往复直线运动。如图4-2所示，该机构只需电动机带动不完全齿轮朝一个方向连续转动，而双齿条构件就会往复运动，不需要复杂的电气控制装置。

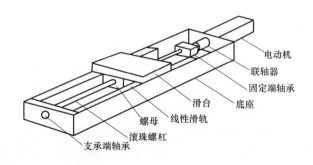

图4-1　常见的往复直线运动装置

图 4-2 使用不完全齿轮机构的往复运动平台

4.3 拓展方法

问题与思考

什么是拓展？拓展有哪些方法？什么是发散树方法？什么是相关网方法？什么是蕴含系方法？什么是分合链方法？发散规则有哪些？相关规则有哪些？蕴含规则有哪些？可扩规则有哪些？

拓展方法是用形式化的方法对基元进行拓展，从而得到多种创新路径或解决矛盾问题的多种思路的方法。

任何对象都具有可以拓展的特性，不同的特征对应着不同的用途。拓展方法包括发散树方法、相关网方法、蕴含系方法和分合链方法。

4.3.1 发散树方法

1. 发散规则

可拓学指出，基元（物元、事元、关系元等）均可拓，基元的三要素（对象、特征、量值）均可拓，故对于基元来说，三要素的拓展变化组合起来就有六种可能，这六种可能就是下面的六个发散规则。

（1）一对象多特征多量值　即由一个基元可以拓展出多个同对象、不同特征、不同量值的基元。根据该规则，在进行创新或处理矛盾问题时，如果利用已有基元不能解决问题，则可以考虑利用该基元的对象与其他特征形成的基元去解决问题，即保持对象不变，拓展出该对象的其他特征及其量值。这里的对象包括物、事与关系，表4-2所列为物元的一对象多特征多量值发散。

表 4-2　物元的一对象多特征多量值

特征　量值　对象	长度/mm	质量/g	价格(元)	…
手机	150	173	1399	…

（2）多对象一特征多量值　即由一个基元可以拓展出多个同特征、不同对象、不同量值的基元。根据该规则，在进行创新或处理矛盾问题时，如果利用已有基元不能解决问题，则可以考虑利用与它同特征的其他对象及其相应的量值构成的基元去解决问题，即保持特征不变，拓展出该特征的其他对象与量值，见表4-3。

表 4-3 物元的多对象一特征多量值

特征 量值 对象	长度/mm	特征 量值 对象	长度/mm
手机	150	直尺	310
书本	290	...	...

（3）一对象多特征一量值 即由一个基元可以拓展出多个同对象不同特征同量值的基元。根据该规则，在进行创新或处理矛盾问题时，如果利用已有基元不能解决问题，则可以考虑利用与它同对象、同量值的其他特征构成的基元去解决问题，即保持对象与量值不变，拓展出该对象与量值的其他特征，见表 4-4。

表 4-4 物元的一对象多特征一量值

特征 量值 对象	长度/mm	质量/g	价格（分）	...
螺栓	150	150	150	

（4）多对象多特征一量值 即由一个基元可以拓展出多个不同对象、不同特征、同量值的基元。根据该规则，在进行创新或处理矛盾问题时，如果利用已有基元不能解决问题，则可以考虑利用与它同量值的其他对象及其相应的特征构成的基元去解决问题，即保持量值不变，拓展出该量值的其他对象与特征，见表 4-5。

表 4-5 物元的多对象多特征一量值

特征 量值 对象	长度/mm	质量/g	价格（元）	...
书本	290	290	290	290
木板	290	290	290	290
瓷砖	290	290	290	290
...	290	290	290	290

（5）多对象一特征一量值 即由一个基元可以拓展出多个不同对象、同特征、同量值的基元。根据该规则，在进行创新或处理矛盾问题时，如果利用已有基元不能解决问题，则可以考虑利用与它同特征、同量值的其他对象构成的基元去解决问题，即保持特征与量值不变，拓展出该特征及其量值的其他对象，见表 4-6。

（6）一对象一特征多量值 即由一个参变量基元可以拓展出多个不同参变量下的同特征、不同量值的基元。根据该规则，在进行创新或处理矛盾问题时，如果利用已有基元不能解决问题，则可以考虑利用与它同对象、同特征的其他量值构成的基元去解决问题，即保持对象与特征不变，拓展出该特征的其他量值，见表 4-7（长度随时间变化的连杆）。

2. 发散树方法及其分析流程

根据上述发散规则，可以从一个基元出发，拓展出多个基元，从而为创新或解决矛盾问题提供多条可能的途径。

表 4-6 物元的多对象—特征—量值

特征 量值 对象	长度/mm
书本	290
木板	290
瓷砖	290
…	290

表 4-7 物元的一对象—特征多量值

特征 量值 对象	长度/mm
连杆(2s)	290
连杆(30s)	340
连杆(90s)	460
…	…

在解决实际问题的过程中，有时只用某一发散规则，有时需要综合应用若干条规则才能找到创新或解决矛盾问题的较优路径。这样的发散过程形成了一种树状结构，故称为发散树。

将利用发散规则寻找创新问题路径的方法称为发散树方法。该方法的基本流程如下：

1）列出拟分析的基元 B。

2）根据要解决的问题，选择应采用的发散规则。

3）由 B 拓展出多个基元 B_1、B_2、$\cdots$、B_n。

4）判断是否已找到创新或解决矛盾问题的路径，若找到则结束，否则进入下一步。

5）对 B 继续进行拓展，直至找到创新或解决矛盾问题的路径。

案例：随着社会的进步和发展，人们已经不再满足于计算机机箱所提供的基础功能，即支撑其他部件和防尘等。例如，对机箱的外观的个性化要求、特殊场合对机箱的性能有特殊要求等。应用发散树方法，对计算机机箱设计进行分析，并生成开拓市场的思路。

对任何一台机箱，都可用多维物元形式化表示，根据发散树方法，机箱关于每一特征的量值都是可以拓展的，用户也可以按照自己的不同需求去购买各种不同量值的机箱。企业可以根据不同用户的不同需求开发各种产品，见表 4-8。

表 4-8 机箱的发散树拓展

对象	特征	量值	量值拓展
机箱 D	材质	碳素钢	ABS 塑料，…
	尺寸(长×宽×高)/mm	465×205×530	460×200×500，…
	颜色	黑色	紫色，…
	外形	长方体	正方体，…
	质量/kg	5.5	3.5，…
	品牌	大水牛	世纪之星，…
	价格(元)	268	278，…
	…	…	…

对于要销售机箱的商家而言，重点不是对机箱本身的发散分析，而是对用户需要的发散分析，即对用户使用机箱"支撑硬件"的需要进行拓展分析。

用户对"支撑硬件"的基本需要可用事元表示，并对动词、量值进行拓展分析，由此可以获得许多创意，见表 4-9。

表 4-9　事元的发散树拓展

动词	特征	量值	量值拓展
支撑	支配对象	硬件	显卡，…
	施动对象	机箱	主板，…
	地点	箱内	箱外，…
	方式	向上	向下，…
动词拓展	特征拓展	量值	量值拓展
固定	支配对象	CPU	内存条，…
散发	施动对象	CPU	电源，…
屏蔽	支配对象	辐射	…
隔离	支配对象	振动	灰尘，噪声，…
提供	支配对象	外设接口	扩展位，…
…	…	…	…

4.3.2　相关网方法

1. 相关规则

客观世界中的任何事和物，都与其他事或物存在着千丝万缕的联系，正是这些联系的存在，使得对某一对象进行变换时，会引起与它相关的对象的变换，这种现象称为相关。例如，灯泡的"电压"的量值和电源的"电压"的量值就存在相关；轴颈的"直径"的量值与轴承的"内径"的量值也存在相关。

相关分析是根据物、事的相关性，对基元与基元之间的一种特殊关系所进行的分析。常用的相关规则有如下三种：

（1）同对象异特征相关　对于同对象两个异特征基元 B_1 和 B_2，如果它们的量值之间具有某种函数关系，则 B_1 和 B_2 为同对象异特征相关。例如，轴的"重量"特征与它的"材质"特征相关，当改变"材质"的量值时，其"重量"的量值也会随之改变。

（2）异对象同特征相关　对于两个异对象同特征基元 B_1 和 B_2，如果它们的量值之间具有某种函数关系，则 B_1 和 B_2 为异对象同特征相关。例如，机器人的"重量"特征与机械臂（机械臂是机器人的一部分）的"重量"特征相关，改变机械臂"重量"的量值时，机器人"重量"的量值也会随之改变。

（3）异对象异特征相关　对于两个异对象异特征基元 B_1 和 B_2，如果它们的量值之间具有某种函数关系，则 B_1 和 B_2 为异对象异特征相关。例如，轴承的"外径"特征与轴承座的"孔径"特征相关，改变轴承"外径"的量值时，轴承座"孔径"的量值也会随之改变。

这些相关规则大多来源于常识或领域知识，也可以通过数据挖掘从数据库或知识库中获得。若 B_1 和 B_2 相关，则记作 $B_1 \sim B_2$。

2. 相关网方法及其分析流程

根据上述相关规则，便可用形式化的方法描述基元之间的这种相关关系。由于一个基元与其他基元之间的关系形如网状结构，故称其为相关网。

在相关网中,一个基元的改变,会导致网中与其相关的其他基元的变化。一般说来,相关网都是动态的,但在给定的时刻,对给定的基元,它的相关网是唯一确定的。

通过相关网寻找解决创新发明问题的路径的方法称为相关网方法。其基本步骤如下:

1)写出要分析的基元 B。

2)利用相关规则列出基元 B 的相关网。

3)分析相关网,从而确定引起基元 B 变化的基元 B_i,或由于基元 B 变换而引起变化的基元 B_i。

4)选择应用相关网中的基元 B_i 进行创新或解决矛盾问题。

在求解创新发明问题时,有时可以采用强制解除相关关系或强制建立相关联系的方法。这也是寻找解决方案的重要手段。

案例:利用相关网方法分析曲柄滑块机构(曲柄角速度为 ω_1)的曲柄杆长 L 对其他方面的影响。通过分析可知,曲柄杆长影响曲柄外端点的速度,连杆的角速度与角加速度,滑块的行程、速度与加速度,见表4-10。

表4-10　曲柄滑块机构中曲柄杆长的相关网

对象	特征	量值	相关	对象	特征	量值
曲柄 D	杆长	L/mm	~	曲柄 D_1	端点速度	$L\omega_1$
				连杆 D_2	角速度	ω_2
				连杆 D_3	角加速度	ε_2
				滑块 D_4	行程	H
				滑块 D_5	速度	v_3
				滑块 D_6	加速度	a_3

在解决各种矛盾问题时,一定要注意考虑各种相关网,否则会在解决了一个矛盾问题的同时,又产生另一些矛盾问题。

4.3.3　蕴含系方法

1. 蕴含规则

蕴含分析是根据物、事和关系的蕴含性,以基元为形式化工具,对物、事或关系进行的形式化分析。

(1)蕴含的种类　蕴含包括因果蕴含和存在蕴含两种类型,它们又有无条件蕴含和条件蕴含之分。

1)因果蕴含。设 B_1、B_2 为两个基元,若 B_1 实现必有 B_2 实现,则称基元 B_1 蕴含基元 B_2,记作 $B_1 \Rightarrow B_2$。若在条件 l 下,B_1 实现必有 B_2 实现,则称在条件 l 下 B_1 蕴含 B_2,记作 $B_1 \Rightarrow (l) B_2$。不论是 $B_1 \Rightarrow B_2$,还是 $B_1 \Rightarrow (l) B_2$,一般称 B_1 为下位基元,B_2 为上位基元。例如,齿轮断齿导致机器振动,机床主轴磨损导致零件加工精度低。

2)存在蕴含。设 B_1、B_2 为两个基元,若 B_1 存在必有 B_2 存在,则称基元 B_1 蕴含基元 B_2,记作 $B_1 \Rightarrow B_2$。若在条件 l 下,B_1 存在必有 B_2 存在,则称在条件 l 下 B_1 蕴含 B_2,记作 $B_1 \Rightarrow (l) B_2$。例如,汽车必有车轮,车床必有车刀,电灯必有开关。

存在蕴含主要是物元的蕴含和关系元的蕴含;因果蕴含主要是事元的蕴含,包括目标事元的蕴含、功能事元的蕴含、需要事元的蕴含、变换的蕴含等。

（2）蕴含规则

1）设有基元 B 和基元 B_1、B_2，若 B_1 和 B_2 同时实现必有 B 实现，则 B_1、B_2 的"与"蕴含 B，记作 $B_1 \wedge B_2 \Rightarrow B$；若 B_1"或"B_2 实现都有 B 实现，则 B_1、B_2 的"或"蕴含 B，记作 $B_1 \vee B_2 \Rightarrow B$。

若 B 实现，必有 B_1 与 B_2 同时实现，则 B 蕴含 B_1、B_2 的"与"，记作 $B \Rightarrow B_1 \wedge B_2$，如（茶杯 D，重量，230g）$\Rightarrow$（杯身 D_1，重量，160g）$\wedge$（杯盖 D_2，重量，70g）；若 B 实现，必有 B_1 或 B_2 实现，则 B 蕴含 B_1"或"B_2，记作 $B \Rightarrow B_1 \vee B_2$。

2）若 $B_1 \Rightarrow B_2$，$B_2 \Rightarrow B_3$，则 $B_1 \Rightarrow B_3$，也可记作 $B_1 \Rightarrow B_2 \Rightarrow B_3$。

3）若 $B_{11} \wedge B_{12} \Rightarrow B_1$，$B_{21} \wedge B_{22} \Rightarrow B_2$，且 $B_1 \wedge B_2 \Rightarrow B$，则 $B_{11} \wedge B_{12} \wedge B_{21} \wedge B_{22} \Rightarrow B$。即在"与"蕴含中，最下位基元的全体蕴含最上位基元。

4）若 $B_{11} \vee B_{12} \Rightarrow B_1$，$B_{21} \vee B_{22} \Rightarrow B_2$，且 $B_1 \vee B_2 \Rightarrow B$，则 $B_{11} \vee B_{12} \vee B_{21} \vee B_{22} \Rightarrow B$。即在"或"蕴含中，最下位的每一基元都蕴含最上位基元。

由上述规则所形成的系统称为基元蕴含系统，简称基元蕴含系。

2. 蕴含系方法及其分析流程

蕴含系可以是"与"蕴含系，也可以是"或"蕴含系，还可以是"与或"蕴含系。由此可见，蕴含系可以是多层的。当上位基元不易实现时，可以寻找它的下位基元，如果下位基元易于实现，则认为找到了创新或解决矛盾问题的途径。

蕴含系方法是根据上述的蕴含规则，对某个基元进行分析，以寻找创新或解决矛盾问题的路径的方法。其基本步骤如下：

1）列出要分析的基元、变换或问题。

2）根据领域知识、常识知识和蕴含规则，建立蕴含系。

3）根据解决问题过程中出现的新信息，在蕴含系的某层增加或截断蕴含系，若无新消息，则进入下一步。

4）通过实现最下位基元，来使最上位基元实现，从而找到创新或解决矛盾问题的路径的方法。

不论是何种蕴含系，都有"与"蕴含系、"或"蕴含系和"与或"蕴含系之分，在具体应用时一定要注意它们的区别。

与相关网方法相仿，在创新或解决矛盾问题时，也可以采取强制建立或解除蕴含关系的手段。

案例：从空调的功能考虑，它能够调节室内温度，那么就会有表 4-11 所列调节功能所拓展的蕴含系，其中事元降低 E_1 与感觉 E_2 并列，产生 E_3 与影响 E_4 并列。

表 4-11　空调的功能蕴含系

对象	特征	量值	蕴含	对象	特征	量值
调节 E	支配对象	温度	$\Rightarrow$	降低 E_1	支配对象	温度
	施动对象	空调		感觉 E_2	程度	凉爽
				产生 E_3	支配对象	噪声
				影响 E_4	支配对象	生活质量
				消耗 E_5	支配对象	电能

4.3.4　分合链方法

事、物和关系均存在可以组合、分解及扩缩的可能性，分别称为可组合性、可分解性和可扩缩性，统称可扩性。

根据可组合性，一个事物可以与其他事物结合起来生成新的事物；根据可分解性，一个事物可以分解为若干新事物，它们具有原事物所不具有的某些特性；同样，一个事物也可以扩大或缩小。这些可扩性为解决矛盾问题提供了可能性。

将事、物和关系用基元表示后，就可以对基元进行可扩分析，包括可组合、可分解、可扩缩分析，下面介绍一下可扩规则。

（1）可组合规则　给定基元 B_1，则至少存在另外一个基元 B_2，使 B_1 和 B_2 可以组合成 B，称 B 是 B_1 和 B_2 的组合基元，包括相加与相积，即 $B = B_1 \oplus B_2$ 与 $B = B_1 \otimes B_2$。

例如，把卷尺的测量功能和计算器的计算功能组合起来，就是一个能帮助工程师计算结果的多功能卷尺 D'。根据可扩规则有

$$\begin{pmatrix} 测量, & 支配对象, & 距离 \\ & 工具, & 卷尺\ D_1 \end{pmatrix} \oplus \begin{pmatrix} 计算, & 支配对象, & 数量 \\ & 工具, & 计算器\ D_2 \end{pmatrix}$$

$$= \begin{pmatrix} 测量 \oplus 计算, & 支配对象, & 距离 \oplus 数量 \\ & 工具, & 卷尺\ D' \end{pmatrix}$$

其中，多功能卷尺 $D' =$ 卷尺 $D_1 \oplus$ 计算器 D_2。改进后的多功能卷尺如图 4-3 所示。

（2）可分解规则　某些基元可以按照一定的条件分解为若干基元，即基元 $B // (l)\ \{B_1, B_2, \cdots, B_n\}$。例如，计算机可分解为机箱、内存条、硬盘、显卡、电源等。

（3）可扩缩规则　某些基元在一定条件下可以扩大或缩小，这个规则为形成系列产品提供了思路。例如，轴承的直径系列有 20、30、40⋯⋯

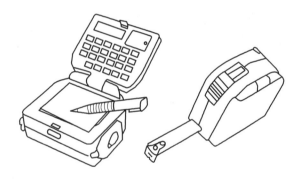

图 4-3　多功能卷尺

分合链方法是根据上述可扩规则，利用领域知识判断基元组合、分解或扩缩的可能性，进而实施组合、分解和扩缩，以寻找创新或解决矛盾问题的途径的方法。其基本步骤为：

1）将所要分析的对象用基元 B 表示。

2）利用发散树方法对基元 B 进行拓展，拓展出多个基元。

3）根据领域知识，判断 B 是否可与拓展出来的其他基元组合，以及是否可分解或扩缩。

4）考察组合后的基元、分解后的基元或扩缩后的基元是否可用于创新或解决矛盾问题。

案例：用一把测量范围在 0~300mm 的普通直尺测量一张纸的厚度。

问题的目标是测量事元：$G = ($测量，支配对象，（薄纸，厚度，$x$mm））；条件是直尺物元：$L = ($直尺，量程，0~300mm）。这里存在的矛盾问题是：普通直尺测量一张薄纸的厚度

很困难。根据可扩规则，可以用50张纸组合，再用直尺测量这50张薄纸的厚度，显然，50张薄纸的厚度容易测量，之后除以50，就能得到一张薄纸的厚度，问题得到解决。

4.4 矛盾分析与标准参数

? 问题与思考

什么是矛盾？矛盾有哪些种类？如何定义矛盾？标准参数有哪些？

4.4.1 矛盾及其分类

1. 系统中的矛盾

任何产品作为一个系统，都包含一种或多种功能，为了实现这些功能，产品由具有相互关系的多个零部件组成。为了提高产品的市场竞争力，需要不断对产品进行改进设计。当改变某个零部件的设计，即提高产品某些方面的性能时，可能会影响到与这些被改进设计零部件相关联的其他零部件，结果可能使产品或系统其他方面的性能受到负面影响，于是设计出现了矛盾（Contradiction）。

矛盾是客观社会中普遍存在的现象，机械创新发明中也会遇到各种各样的矛盾（冲突）。TRIZ 认为，发明问题的核心是解决矛盾。系统的进化就是不断发现矛盾并解决矛盾，从而向理想化不断靠近的过程。发现矛盾才会导致创新，故创新过程也是求解矛盾的过程。

2. 矛盾分类

TRIZ 将矛盾（冲突）分为管理矛盾、技术矛盾和物理矛盾。

（1）管理矛盾　管理矛盾是指在管理系统中，一个管理原理或规定的改进而导致另外一些方面管理目标的削弱或呈现出两种相反的状态。

（2）技术矛盾　一个技术系统中总是存在许多评价参数，当某个参数得到改善，而导致其他参数恶化，这两个参数相反的表现就是技术矛盾。

（3）物理矛盾　技术系统中，某个参数出现两个完全相反的要求，如需要梁的尺寸既要大又要小，即产生了物理矛盾。

经典的 TRIZ 主要求解技术矛盾和物理矛盾。针对技术矛盾和物理矛盾，TRIZ 分别提供了矛盾矩阵和分离原理两种工具，但这两种工具最终都归结为 40 个发明原理（技巧）的使用。矛盾问题的求解将在第 5 章详细讲解。

4.4.2 技术矛盾

在技术系统中，当改进系统中的某个参数，而引起系统中另一个参数恶化时，这种矛盾称为技术矛盾。技术矛盾是日常生活中常见的一类矛盾，是参数间的矛盾，即同一系统、不同参数之间产生了矛盾。例如，设计搁架时，希望搁板上能放很多物品，就增加搁板厚度，但很厚的搁板会很重，这里就出现了厚度与质量的矛盾。

识别技术矛盾是定义技术矛盾的前提。在技术系统中，技术矛盾通常表现为：①在一个子系统中引入一种有用功能后，会导致系统产生一种有害功能，或加强已存在的一种有害功能；②减弱一种有害功能，会导致系统一种有用功能的削弱；③加强系统的有用功能或削弱有害功能，会使另一子系统或系统变得复杂。

针对一个技术系统，如果提出了一个解决方案，则要分析它带来了哪些好的结果（改善参数），以及哪些不好的效果（恶化参数）。通过这样的描述，就能找到矛盾中的改善参数和恶化参数。同时要注意，技术矛盾的描述可以反过来，即对所提出的解决方案进行反方向分析：那么改善了什么，但恶化了什么。可以采用填表（表4-12）的方式寻找技术矛盾的双方。

表4-12 技术矛盾分析

技术矛盾	技术矛盾1	技术矛盾2
如果	提出的解决方案（F）	提出的反向解决方案（-F）
那么	改善的参数（A）	改善的参数（B）
但是	恶化的参数（B）	恶化的参数（A）

案例：为了提高自行车车身的强度，一般采取将自行车车架杆加粗的方式，但这样会导致自行车质量增加；如果减小自行车车架杆直径，则会导致自行车车身强度降低。

可以用填表的方法定义自行车的技术矛盾，见表4-13。

表4-13 自行车的技术矛盾

技术矛盾	技术矛盾1	技术矛盾2
如果	加粗自行车车架杆	减小自行车车架杆直径
那么	提高自行车车身的强度	降低自行车的质量
但是	增加自行车的质量	降低自行车车身的强度

若使用TRIZ矛盾矩阵进行求解，则需要进一步将这些参数转化为TRIZ标准工程参数。

4.4.3 标准工程参数

为了标准化描述技术矛盾，TRIZ给出了39个标准工程参数（见表4-14），利用这些标准工程参数足以描述工程中出现的绝大部分技术矛盾。故在应用矛盾矩阵解决实际问题时，应先用这39个标准工程参数中的两个参数来表示组成技术矛盾的两个参数，这样就可以把创新发明中存在的矛盾转化为标准的技术矛盾，然后就可以通过查询矛盾矩阵来找到推荐发明技巧了。

表4-14 39个标准工程参数

序号	名称	序号	名称	序号	名称
1	运动物体的质量	14	强度	27	可靠性
2	静止物体的质量	15	运动物体作用时间	28	测试精度
3	运动物体的长度	16	静止物体作用时间	29	制造精度
4	静止物体的长度	17	温度	30	物体外部有害因素作用
5	运动物体的面积	18	光照度	31	物体产生的有害因素
6	静止物体的面积	19	运动物体的能量	32	可制造性
7	运动物体的体积	20	静止物体的能量	33	可操作性
8	静止物体的体积	21	功率	34	可维修性
9	速度	22	能量损失	35	适应性及多用性
10	力	23	物质损失	36	装置的复杂性
11	应力或压力	24	信息损失	37	监控与测试的困难程度
12	形状	25	时间损失	38	自动化程度
13	结构的稳定性	26	物质或事物的数量	39	生产率

案例：家用真空吸尘器的工作原理是利用电动机驱动风扇叶轮高速旋转，旋转的叶轮对空气做功，使流道内的空气高速流动，产生抽吸作用，如图4-4所示。为了提高吸尘器的吸尘效果，可以增加电动机的功率，但会导致除尘器的体积增加。试分析吸尘器的技术矛盾。

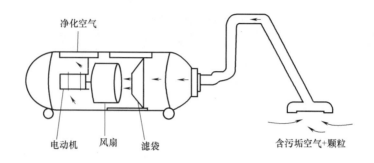

图 4-4 吸尘器的工作原理

利用填表的方法定义吸尘器的技术矛盾，见表4-15，表中的参数已采用标准参数描述。

表 4-15 吸尘器的技术矛盾

技术矛盾	技术矛盾 1	技术矛盾 2
如果	增加电动机功率	降低电动机功率
那么	提高吸尘器的生产率（No. 39）	减小除尘器的体积（No. 7）
但是	增加除尘器的体积（No. 7）	降低吸尘器的生产率（No. 39）

注：No. 39 和 No. 7 见表 4-14。

4.4.4 物理矛盾

当对某个技术系统的同一个参数提出了相反的要求时，就出现了物理矛盾。例如，人们需要行李箱的体积大以装进更多的衣物，同时又希望行李箱的体积小以方便携带，即对行李箱的尺寸提出了互斥的要求。

物理矛盾出现的几种情况：①一个子系统中有用功能加强的同时，导致该子系统中有害功能的加强；②一个子系统有害功能降低的同时，导致该子系统中有用功能的降低。

在生活与工程中存在很多物理矛盾，常见的物理矛盾见表4-16。

表 4-16 常见物理矛盾

类型	几何类	材料及能量类	功能类
举例	长与短	多与少	喷射与堵塞
	宽与窄	黏度高与低	推与拉
	厚与薄	功率大与小	冷与热
	圆与非圆	时间长与短	运动与静止
	锋利与钝	密度大与小	强与弱
	对称与非对称	热导率高与低	软与硬
	水平与垂直	温度高与低	成本高与低
	平行与交叉	摩擦系数大与小	快与慢

如何准确地描述和定义物理矛盾，对于问题的求解十分关键，也可以按填表法分析物理矛盾，见表 4-17，即分析表中的参数 A 及其条件与原因，就能提取出物理矛盾。物理矛盾不一定要用标准参数描述。

表 4-17　物理矛盾分析

物理矛盾		
如果参数	A	
需要	B	因为(C)
但是	-B	因为(D)

案例：带输送机（图 4-5）是常见的长距离输送装置。为了提高传送带的强度，以增大每次的物资运送量，需要增加带的厚度；但为了减小带的弯曲应力，带的厚度又必须减小。试分析这一物理矛盾。

这是一个对同一参数提出了相反要求的物理矛盾，利用填表的方法提取带输送机的物理矛盾，见表 4-18。

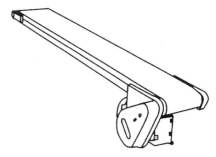

图 4-5　带输送机

表 4-18　带输送机的物理矛盾分析

物理矛盾		
如果参数	带的厚度	
需要	大	因为(提高带的强度)
但是	小	因为(减小带的弯曲应力)

4.4.5　技术矛盾和物理矛盾的关系

技术矛盾是技术系统中两个参数之间的相互制约，物理矛盾则是技术系统中一个参数无法满足系统内相互排斥的需求。二者的区别如下：

1）技术矛盾是整个系统中两个参数（特性和功能）之间的矛盾，物理矛盾是技术系统中某一个元件的一个参数（特性、功能）相对立的两个状态。

2）技术矛盾涉及的是整个技术系统的特性，物理矛盾涉及的是系统中某个元素的某个特征的物理特性。

3）物理矛盾比技术矛盾更能体现问题的本质。

4）物理矛盾比技术矛盾更"激烈"一些。

技术系统中的技术矛盾是由系统中相互冲突的物理性质造成的，相互冲突的物理性质是由元件相互排斥的两种物理状态确定的，而相互排斥的两种物理状态之间的关系是物理矛盾的本质。在很多时候，技术矛盾是更显而易见的矛盾，而物理矛盾是隐藏得更深入、更尖锐的矛盾。

因此，无论是技术矛盾还是物理矛盾，都反映技术系统的参数属性，它们之间也是相互联系的。对于同一个技术问题来说，技术矛盾和物理矛盾是从不同的角度，在不同深度上对同一个问题的不同表述，技术矛盾和物理矛盾可以相互转换。

案例： 手机尺寸中技术矛盾和物理矛盾的转换。

为了操作方便，希望手机的屏幕越大越好，按键区也应该有一定的空间。但是，这必然会增加手机的尺寸，使其变得不便于携带。

利用填表法定义手机的技术矛盾，见表4-19，在提高手机可操作性的同时，增加了手机的尺寸（运动物体的面积）。

表 4-19　手机的技术矛盾分析

技术矛盾	技术矛盾 1	技术矛盾 2
如果	增大手机屏幕	减小手机屏幕
那么	提高手机的可操作性（No. 33）	减小运动物体的面积（No. 5）
但是	增大运动物体的面积（No. 5）	降低手机的可操作性（No. 33）

注：No. 33 和 No. 5 见表4-14。

利用填表法定义手机的物理矛盾，见表4-20，既希望手机的屏幕大以提高可操作性，又希望手机的屏幕小以节约成本、方便携带。

表 4-20　手机的物理矛盾分析

物理矛盾		
如果参数	屏幕的尺寸	
需要	大	因为（提高可操作性）
但是	小	因为（节约成本、方便携带）

4.5　不知所措（How to 模型）

问题与思考

什么是 How to 模型？How to 模型有哪些种类？如何定义 How to 模型？

在创新发明中，当面临"怎么做"（或"如何做"）的问题时，TRIZ 提出了科学效应方法来解决这种问题。而在利用科学效应方法前，需要建立 How to 模型。

How to 模型是针对"怎么做"的创新发明问题，利用简单明了的标准化词汇来描述系统所需功能，从而为后续选用科学效应提供依据的模型。其基本形式为动词+名词，如"升高温度""改变尺寸""控制力"等。描述的要求：①功能描述要一般化，如"移除"用"移动"描述；②物质（属性）描述要通用化，如"水"用"液体"描述。例如，初始问题"如何移除瓷杯内的水"应该描述为"移动液体"。

TRIZ 给出了 30 个标准的 How to 模型，以及实现这些模型经常用到的 100 个科学效应，来帮助人们解决创新发明中常见的问题。标准的 How to 模型功能代码表见表4-21。

How to 模型可采用分析模板进行分析。表 4-22 所列，是针对"桌面上有一个盛满水的瓷杯，如何在不移动瓷杯或桌子的情况下，将杯中的水移除"的问题的 How to 模型。

表4-21 功能代码表（How To 模型）

功能代码	实现的功能	功能代码	实现的功能	功能代码	实现的功能
F01	测量温度	F11	稳定物体位置	F21	改变表面的性质
F02	降低温度	F12	产生/控制力,形成大的压力	F22	检查物体容量的状态和特征
F03	提高温度	F13	控制摩擦力	F23	改变物体的空间性质
F04	稳定温度	F14	解体物质	F24	形成要求的结构,稳定物体的结构
F05	探测物体的位移和运动	F15	积蓄机械能与热能	F25	探测电场和磁场
F06	控制物体位移	F16	传递能量	F26	探测辐射
F07	控制液体及气体的运动	F17	建立移动物体和固定物体之间的交互作用	F27	产生辐射
F08	控制浮质（气体中的悬浮粒,如烟雾等）的流动	F18	测量物体的尺寸	F28	控制电磁场
F09	搅拌混合物,形成溶液	F19	改变物体的尺寸	F29	控制光
F10	分解混合物	F20	检查表面状态和性质	F30	产生及加强化学变化

表4-22 How to 模型的分析模板

创新发明问题中的"如何做"	系统所需功能	How to 模型
如何移除杯中的水	移动液体	控制液体及气体的运动（F07,见表4-19）

具体步骤：先提取创新发明中"如何做"的初始问题，然后进行标准化、通用化描述，最后从表4-21中找到对应的 How to 模型。

案例：图4-6所示是一种血管机器人，它的工作环境是血管，因为血管空间狭小，故如何在血管里面推进血管机器人运动是血管机器人研究的一个重点。试用 How to 模型描述此问题。

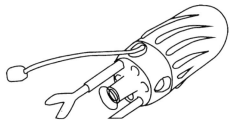

图4-6 血管机器人

血管机器人问题的 How to 模型见表4-23。

表4-23 血管机器人问题的 How to 模型

问题中的"如何做"	系统所需功能	How to 模型
如何推进血管机器人运动	移动物体	控制物体位移（F06,见表4-21）

4.6 纵横驰骋（多屏幕法）

问题与思考

什么是多屏幕法？多屏幕法的作用是什么？怎样使用多屏幕法？

4.6.1　多屏幕法及其应用步骤

多屏幕法按照多个屏幕（通常是九个屏幕）的提示去思考问题。这是一种综合考虑问题的方法，在分析和解决问题时，不仅要考虑当前所研究的系统，还要考虑它的超系统和子系统；不仅要考虑当前系统的过去和将来，还要考虑其超系统和子系统的过去和将来。

多屏幕法是一种重要的资源分析和思维拓展工具，具有可操作性、实用性强的特点，能够帮助设计者把结构、时间及因果关系等多个维度结合起来产生发散思维和寻求资源，对问题进行全面、系统的分析，为解决创新设计中的疑难问题提供了清晰的思维路径。

多屏幕法是按照图 4-7 所示九个屏幕的提示，对问题进行多方位、多层次的思考，具体思考流程如下：

1）先从技术系统本身出发，考虑可以利用的资源，填写图 4-7 中的屏幕 1。

2）考虑技术系统的子系统、超系统中的资源，填写图 4-7 中的屏幕 2 与 3。

3）考虑当前系统的过去和未来，从中寻求可以利用的资源，填写图 4-7 中的屏幕 4 和 5。

4）考虑超系统和子系统的过去和未来，从中寻求可利用的资源，填写图 4-7 中的屏幕 6~9。

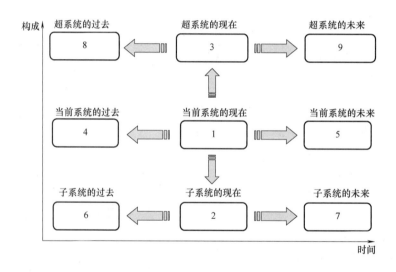

图 4-7　多屏幕法实施流程

4.6.2　多屏幕法改进

通常情况下，多屏幕法是填写九个屏幕，也称为"九宫格法"。但有时填写九个屏幕会出现困难，或填完九个屏幕后仍不能找到解决问题的思路。因而，需要针对这些问题对多屏幕法进行简化或拓展。

1. 多屏幕法的简化

当填写九个屏幕有困难时，不用刻意去想，可以简化为十字架式的多屏幕法，如图 4-8 所示，这样可以提高创新效率。

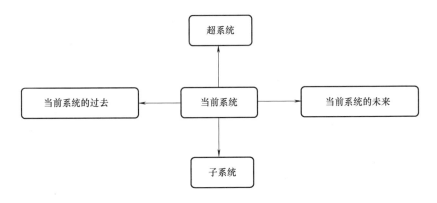

图 4-8　简化的多屏幕法

2. 多屏幕法的拓展

当填写完九个屏幕后仍不能拓展出想要的思路时，可以对九个屏幕进行再次拓展。有两种拓展多屏幕法的思路：

1）以现有九个屏幕中除"当前系统屏幕"外的其他屏幕作为当前系统，再一次进行九屏幕填充，如图 4-9 所示。

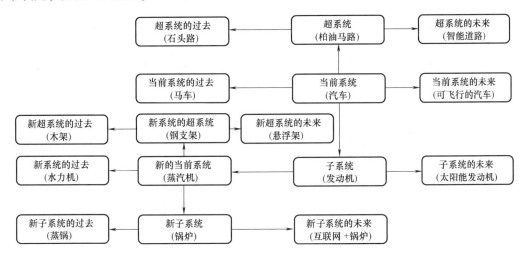

图 4-9　以子系统的过去为当前系统的多屏幕法

2）以现有的九个屏幕为基础，增加"当前系统"的反系统作为当前系统，进行九屏幕填充，如图 4-10 所示。

案例 1：自行车的改进。

针对当前的自行车系统，按照图 4-7 所示的多屏幕填写流程，对自行车系统进行发散思考，构成自行车的多屏幕分析（图 4-11）。

1）利用子系统资源，可能的解决方案：

① 自行车可以不用车轮，而利用其他滑动结构。

② 自行车可以不用脚驱动，而利用手驱动，驱动踏板的位置可以发生变化。

2）利用超系统资源，可能的解决方案：不一定在柏油马路上骑行，也可以在水上、冰

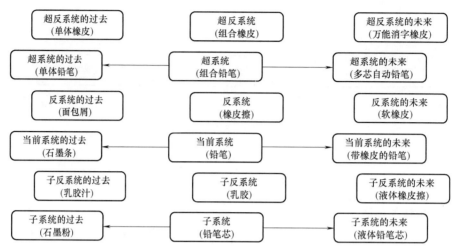

图 4-10　正反系统的多屏幕法

上、草地上、树丛中或空中骑行。

　　3）从系统未来发展的角度，可能的解决方案：可以利用太阳能、风能等驱动，也可以是悬浮的运行方式。

　　根据上述思路，自行车的创新设计方案有图 4-12 和图 4-13 所示的空中轨道自行车和水上自行车。前者通过滑轮在轨道上滑动，后者通过螺旋桨的转动提供前进的动力。

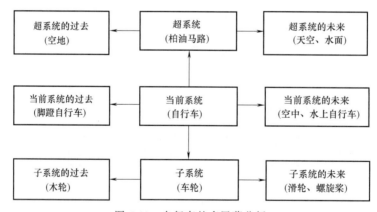

图 4-11　自行车的多屏幕分析

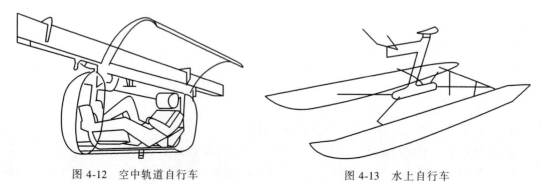

图 4-12　空中轨道自行车　　　　　　　　图 4-13　水上自行车

案例2：螺栓易松问题的分析。

螺栓连接是工程中应用广泛的一种重要的可拆连接，但实际使用时容易出现松动的问题，试采用多屏幕法进行分析。

根据图4-7所示的多屏幕填写流程，除了从螺栓系统本身寻找易松的原因与解决方法之外，还可以从其他方面寻求资源，如图4-14所示。

1）利用子系统资源，可能的解决方案有：

① 改变螺母、垫片的表面粗糙度值。

② 改为自锁螺母。

③ 改用弹性垫圈、止动垫片、双叠自锁垫圈。

2）利用超系统资源，可能的解决方案有：

① 减少整个系统的振动，或增加预紧力。

② 增加自锁紧系统。

3）从系统未来发展的角度，可能的解决方案有：

① 增加防松系统，如串联钢丝防松、开槽螺母与开口销防松。

② 涂螺纹锁固胶。

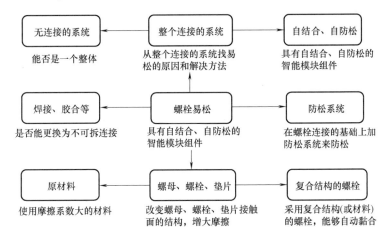

图 4-14　连接螺栓易松问题的多屏幕分析

4.7　三亲六故（STC 算子法）

问题与思考

什么是 STC 算子法？怎么使用 STC 算子法？

4.7.1　STC 算子法及其应用步骤

STC 算子法是从物体的尺寸（Size）、时间（Time）、成本（Cost）三个不同方面，通过以极限的方式想象系统来展开思考，打破固有的对尺寸、时间和成本的认识，从而获得创新路径的方法，是一种多维度思维的发散方法。如图 4-15a 所示，STC 算子法是从尺寸、时间和成本三个维度六个方向（因此也称三亲六故）来发散思维，获得解决方案。相对于一般的发散思维和头脑风暴，运用 STC 算子法能更快得到问题的解决方案。

STC 算子法改变产品中的常用参数：尺寸、时间和成本；如改为 RTC 算子法，就是将 STC 中的尺寸换成资源（Resource），同样也可以改为新颖性、结构复杂性、可靠性等。STC 算子法示意图如图 4-15b 所示，其实施流程为：

1）定义求解系统的尺寸、时间和成本。

2）对系统的尺寸向无穷大或无穷小方向变化，考察系统性能的变化情况。

3）对系统构建过程的时间或其中组件的运动速度向无穷大或无穷小方向变化，考察系统性能的变化情况。

4）考察系统成本向无穷大或无穷小方向变化时系统性能的变化情况。

5）对上述三个维度的优值进行综合，获得一个理想的解决方案。

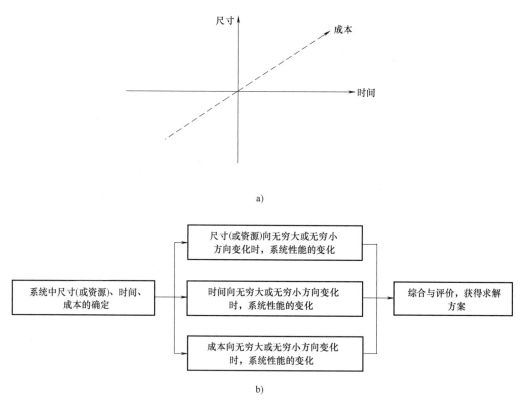

a)

b)

图 4-15　STC（RTC）算子法

4.7.2　STC 算子法应用实例

案例 1：行李箱的设计。

行李箱是人们旅行、出差时经常需要携带的物品，但它同时也为生活带来了诸多不便。例如，不需要用时占用房屋空间，携带行李箱出行时取出物品不便利，而且由于行李箱空间不足而不能同时携带更多其他物品，出差时必须时刻留意行李箱以防止其被偷等。如何设计行李箱才能解决上述问题呢？

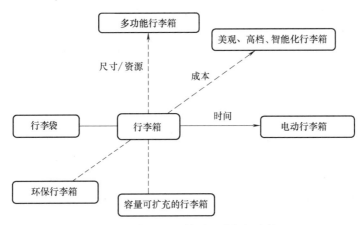

图 4-16 应用 STC 算子法分析行李箱

如图 4-16 所示，采用尺寸/资源-时间-成本分析法，沿尺寸/资源、时间、成本三根轴的正向和反向对行李箱进行创新思维。沿尺寸/资源轴，在大尺寸和多资源的情况下，可以设计具有多分区、多用途的多功能行李箱，例如可以在行李箱中加设充电装置，避免了从行李箱中取出充电设备的不便；还可以在行李箱上设计桌台以放置笔记本电脑，如图 4-17 所示。而在小尺寸和少资源的情况下，可以设计成可拆卸或可伸展的行李箱，使行李箱的尺寸可以调节，在不需要用时不占用空间，而在要求空间大时又能扩充容量，如图 4-18 所示。沿时间轴，在要求拖动时间短的情况下，可以将电动车与行李箱结合，组成电动行李箱，如图 4-19 所示。而在没有拖动时间要求的情况下，可以简化结构，使用简易行李箱或行李袋。沿成本轴，在允许增加成本的情况下，可以设计成美观、高档、智能化的行李箱；而在要求节省成本的情况下，可以设计成具有单一功能、选用回收材料的环保行李箱。

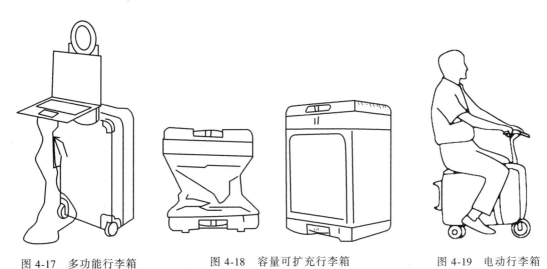

图 4-17 多功能行李箱　　　图 4-18 容量可扩充行李箱　　　图 4-19 电动行李箱

案例 2：房屋清洁方案设计。

沿着资源、时间、成本三个方向来思考房屋清洁方案。

若清洁系统的资源沿负向变化，此时最理想的情况是不需要额外的装置就能自动清洁房屋，可以考虑设计出具备自动清洁功能的地毯。这种地毯能够自动将污染物或粉尘除去。

若清洁系统的资源沿正向变化，可以在地面上安装一种具有吸尘功能的网式过滤系统。由于该过滤网是在整片区域上安装的，因此能够覆盖房间内的所有区域，除尘效率最高。

如果清洁房屋的时间沿负向变化，即要求花费在打扫房屋上的时间尽量少，这种情况比较常见于一些不经常用到的房屋，如会议室，则可以设计出一次性地毯。当房屋不需要用的时候，铺上这种地毯能够吸收室内灰尘；当需要用到房屋的时候，只需要将旧地毯直接更换为新地毯即可，节省了清洁时间。

如果清洁房屋的时间沿正向变化，即允许花费在打扫房屋上的时间很长，则可以利用"机器人工作不会累"的特点，设计出清洁机器人，能够长时间对房屋进行细致的打扫。

假设要求清洁系统的成本很低，可以使用静电除尘的方法。例如，可以在普通人工除尘工具的基础上，使用静电除尘清洁刷等成本较低的工具进行清洁。

假设清洁系统的成本没有限制，则可以设计智能家居系统，从源头上处理污染物和灰尘。例如，在处理烹饪时产生油烟的问题时，智能家居系统能够使用传感器对油烟浓度进行监测，并反馈给房屋主人采取相应处理措施。

按资源-时间-成本方法设计的房屋清洁方案如图4-20所示。

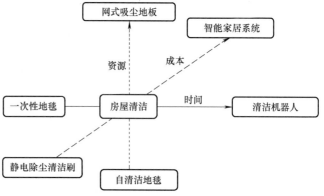

图 4-20 应用 RTC 算子法分析房屋清洁方案

4.8 物尽其用（资源分析法）

问题与思考

什么是资源？资源的种类有哪些？如何利用资源？如何进行资源分析？

资源是可被人类开发和利用的一切物质、能量和信息等的总称。资源是介于矛盾与最终理想解（Ideal Final Result，IFR）之间，从发现矛盾到消除矛盾（或是获得理想解）之间的一座桥梁，扮演着直接获得创意、解决矛盾和预示系统进化的关键角色。设计中的可用资源对创新设计起着重要作用，问题的解越接近理想解，可用资源就越重要。任何系统，只要还没有达到理想解，就应该具有可用资源。而发明资源通常是隐含的、不可直接利用的，或者隐藏在系统或超系统（环境）中，因此，有必要对资源进行分类和详细分析，以便高效地利用资源。

4.8.1 资源分类

从资源存在形态的角度，分为宏观资源与微观资源；从资源使用的角度，分为直接资源与派生资源；从分析资源角度，分为显性资源和隐性资源；从资源与其他概念结合的角度，分为发明资源、进化资源和效应资源。

系统资源包括内部资源和外部资源（图4-21）。内部资源是在矛盾发生的时间、区域内部存在的资源，是系统内部的组件及其属性；外部资源是在矛盾发生的时间、区域外部存在的资源，包括从外部获得的资源以及系统专有的超系统（环境）资源、廉价易得资源。这两大类资源又可分为直接应用资源、差动资源和派生资源。直接应用资源是指在当前状态下可被直接使用的资源，如物质资源、能量（场）资源、空间资源、时间资源、信息资源和功能资源等。差动资源是指物质与场的不同特性形成的某种技术特征资源，如结构特性、材料特性、各种参数特性等。派生资源则是指通过某种变换，使不可用资源得以利用，或者改变设计使其与设计相关，从而可以利用的特性资源。

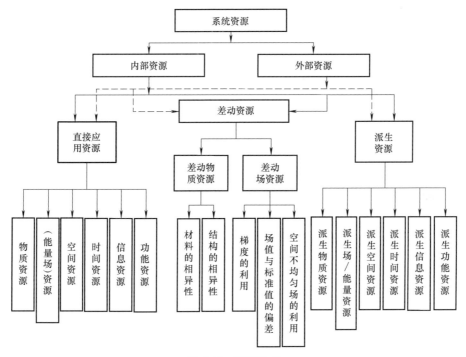

图 4-21　资源分类

这里简单介绍一些常用的直接应用资源。

（1）物质资源　用于实现有用功能的一切物质。系统或环境中任何种类的材料或物质都可看作可用物质资源，如废弃物、原材料、产品、系统组件、功能单元、廉价物质和水等。求解问题时，应尽可能应用系统中已有的物质资源来解决系统中的问题。

（2）空间资源　系统本身及其超系统的可利用空间。为了节省空间或者当空间有限时，任何系统中或周围的空闲空间都可用于放置额外的作用对象，如最大限度地利用有限的空间、物体的反面、多孔材料（固、液、气）、微观空间结构、同一时间不同空间的组合等。

（3）信息资源　系统中存在或能产生的信息。信息作为反映客观世界各种实物的特征和变化结合的新知识，已成为一种重要的资源，在人类自身的划时代改造中起着重要的作用，其信息流将成为决定生产发展规模、速度和方向的重要力量。求解问题时，应尽可能地提高系统感知信息的能力，并将这些信息通过某种手段表达和反馈出来。

（4）能量资源　系统中存在或能产生的场或能量流。能够提供某种形式能量的物质或物质的转换运动过程都是能量资源，包括来自太阳的辐射能及由其转化的多种形式的能源、来自地球本身的能量（如地热能、核能）、地球与其他天体相互作用所引起的能量（如潮汐能）。求解问题时，应尽量减少能量损失、缩短能量的流动路径、提高能量的流动速度、减少能量的滞留时间、将有害能量流变为有益能量流、替换更高层级的能量等。

（5）时间资源　系统启动之前、工作中及工作之后的可利用时间。求解问题时，应尽可能地使过程连续，并逐步消除停顿和空闲行程。

（6）功能资源　利用系统的已有组件，挖掘系统的隐性功能。求解问题时，应尽可能地使子系统的功能资源执行更多相同或不同的功能，以提升子系统的多用性。

4.8.2　资源利用原则

资源分析是对理想资源，即无限的、免费的资源的分析利用，系统化地考虑可用的资源，从而直接触发解决问题的创新灵感。在设计过程中，合理地利用资源可使问题的解更接近理想解。合理利用某些资源，有时可能取得附加的、未曾设想过的效益。另外，设计过程中用到的资源不一定很明显，需要认真挖掘才能成为有用资源。进行资源分析时，应该遵循以下基本原则：

1）将所有的资源首先集中于最重要的子系统中。

2）合理、有效地利用资源，不可造成浪费。

3）将资源集中到特定的时间和空间中。

4）利用其他过程中损失或浪费的资源。

5）与其他子系统分享有用资源，动态地调节这些子系统。

6）根据子系统隐含的功能，利用其他资源。

7）对其他资源进行变换，使其成为有用资源。

4.8.3　资源分析法流程及应用实例

资源分析法是按照资源利用原则寻求问题解决方案的分析方法，其流程为：

1）针对存在的问题，发现与寻找资源。

2）挖掘及探究资源。挖掘就是向纵深方向获取更多有效的、新颖的、潜在的、有用的资源；探究就是针对资源进行分类，针对系统进行聚集，以问题为中心寻找更深层级的资源及派生资源。

3）整合资源。资源整合是对不同来源、不同层次、不同结构、不同内容的资源进行识别与选择、汲取与配置、激活与有机融合，使其具有较强的系统性、适应性、条理性和应用性，并创造出新资源的一个复杂的动态过程。通过资源整合，把系统内部彼此相关又彼此分离的资源，以及系统外部既有共同的使命又拥有独立功能的相关资源整合成一个大系统，取得 1+1>2 的效果。

4）评价及配置资源。对资源进行遴选，从数量、质量、可用度等方面进行评价；根据评价结果，对各种资源在各种不同的使用方向之间进行分配（包括对时间、空间和数量三个要素的配置）。

案例 1：如何使凉伞产生风。

夏天的太阳灼人，人们通常用凉伞遮阳。很多人希望凉伞除了能用来遮阳以外，还可以给人带来一丝风。

应用资源分析法的步骤如下：

1）可用资源分析。凉伞实体：伞面、伞柄等。超系统：阳光，阳光照射产生的温度场等；持伞的人。

2）解决方案。例如，利用太阳能资源，通过太阳能电池提供电源，由小电动机带动电风扇供电；利用温度场产生空气对流以形成风；由持伞人手动产生风。

由此可见，不同的资源选择将导致不同的设计结果，图4-22所示为带风扇的帽子。

案例2：安全使用平衡车。

平衡车是一种现在流行的代步器。但对于那些不敢尝试平衡车或者控制平衡车能力较差的人来说，驾驶平衡车则存在一定的危险。

应用资源分析法的步骤如下：

1）可用资源分析。平衡车实体：车轮、电动机和车杆等。环境：路面、人。

图4-22 带风扇的帽子

2）解决方案。例如，仍然使用平衡车的动力系统，但是增加另一对车轮，使平衡车变成四轮车，这样就能够安全地驾驶平衡车了。图4-23所示为小米平衡车套件。

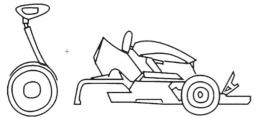

图4-23 小米平衡车套件

4.9 问题分析工具选择策略

？问题与思考

如何选择问题分析工具？

1. 根据问题类型来选择

根据不同问题类型的性质，如矛盾分析、拓展分析、资源分析、如何做的分析等，可以采用如下策略：

1）优先选用功能导向搜索，尝试寻求问题的现有解决思路。

2）对于矛盾问题，可以采用矛盾分析法对矛盾进行进一步分析，或者采用拓展分析法来发散"矛盾双方不相容（或对立）如何拓展"的思路。

3）对于寻求资源问题，可以采用拓展分析法、多屏幕法、STC算子法、资源分析法来寻求系统、超系统、子系统可以利用的各类资源。

4）对于如何做的问题，可以采用How to模型来建立标准的功能描述。

5）对于暂时无法确定性质的分析，可以用拓展分析法来发散思路。

6）也可采用多种方法组合起来分析，然后选择合适的分析结果为后面的问题求解服务。

2. 根据工具难度来选择

通过初步调研，各个问题分析工具的难度见表4-24。

表4-24 问题分析工具的难度

问题分析工具	难度	问题分析工具	难度
功能导向搜索	2.7	纵横驰骋（多屏幕法）	2.94
拓展分析法	3.25	三亲六故（STC算子法）	2.91
矛盾分析法	3.44	物尽其用（资源分析法）	3.10
不知所措（How to 分析法）	2.72		

 练一练

1. 试用功能导向搜索方法解决带小孔的婴儿纸尿裤产品存在的两个主要问题：①开孔率低（小于12%）；②冲压后孔的边缘不均匀。

2. 有些人有花粉过敏的问题，解决的方案有服用药物、涂抹药膏、戴口罩等。某发明家拟设计一种新型的鼻腔过滤器，试利用功能导向搜索方法给他以帮助。

3. 从某一现有的日用品（如水杯、筷子、闹钟、热水壶、电饭煲等）出发，写出一个多维物元，并利用发散树进行分析。

4. 从一种生活用具（如手机、电视、冰箱、手表等）的功能出发，写出一个多维事元，并利用发散树进行分析。

5. 从现有的某种文具（如计算器、签字笔、文件夹等）的结构关系出发，写出一个多维关系元，并利用发散树进行分析。

6. 某办公室的顶棚上有一吊灯，距地面高度为3.3m，其灯泡坏了需要更换，却没有梯子，某人的身高是1.74m，摸高为2.24m，办公室内有桌子（高1m）、椅子（高0.5m）、柜子（高1.6m）等，请根据可扩规则解决换灯泡的问题。

7. 某种皮球的质量较小，现只有一种量程为0~10kg的磅秤，如何称量这种皮球的单个质量？

8. 根据常识或专业知识，找出某种卷尺的相关网，并根据这个相关网获得新的创意。

9. 将手机设计成模块化结构，不同的功能在不同的模块上，用户可以根据需要进行组合。请利用拓展分析法从现有的手机拓展出这种产品创意。

10. 一台电冰箱的质量为50kg，包括箱体、食品架、冷冻抽屉、压缩机、蒸发器、冷凝器、控制电路等，如果箱体的质量为12kg，压缩机的质量为15kg，蒸发器的质量为8kg，食品架的质量为2kg，冷凝器的质量为8kg，冷冻抽屉的质量为2kg、控制电路的质量为3kg，试给出冰箱物元的蕴含系。

11. 请给出冬天用电炉烤火、用洗衣机洗衣、用电磁炉炒菜这些问题的蕴含系。

12. 试用拓展分析法分析某商店想实现"提升一倍利润"目标的途径。

13. 试用拓展分析法分析苹果手机很贵的原因。

14. 试以日常生活物品（如剪刀、卷尺、扳手、螺钉旋具等）为当前系统，用多屏幕法进行发散分析。

15. 请针对出行工具（汽车、自行车、摩托车、电动车、轮船、高铁等），用多屏幕法进行发散分析。

16. 试以日常生活物品（如签字笔、直尺、笔记本、电风扇等）为当前系统，用STC算子法进行发散分析。

17. 请针对游乐工具（碰碰车、海盗船、秋千、旋转木马等），用STC算子法进行发散分析。

18. 请描述进行机翼设计（或房屋设计、桥梁设计、列车设计、隧道设计、车床设计）时所面临的矛盾。

19. 带传动中，常用张紧轮进行张紧，为了更好地传动，需要较大的张紧力，但张紧力过大会导致带磨损过度，请分析其中的矛盾。

20. 请用How to模型分析输电线结冰、减速箱漏油检测、轴承故障诊断等问题。

21. 请对周围同学就某些功能实现问题进行调查，根据所调查的功能实现问题建立How to模型。

22. 请对废物再利用、智能决策、如何快速到达目的地、如何低成本地自由飞行等问题进行资源分析。

23. 请对日常生活中的困难问题进行资源分析，并寻求可以利用的资源。

24. 请分析日常生活中存在的矛盾问题，并给出矛盾描述。

25. 寻找和分析资源的原则是什么？工程中的矛盾有哪些类型？造成物理矛盾的根本原因是什么？

26. 试比较技术矛盾与物理矛盾的异同。

27. 说出你喜欢使用的问题分析方法及其原因。

第5章

问题求解

内容摘要：

分析问题之后，需要对问题进行求解，产生问题的解决方案，是解决问题的决定性阶段。问题求解是在问题分析、拓展思维的基础上，进行变换、矛盾求解等，建立解决方案。本章将介绍问题求解的作用及问题求解工具。

5.1 概述

问题与思考

什么是问题求解？哪些工具可以用来进行问题求解？

问题求解，是在问题分析、拓展思维的基础上，沿着拓展的方向进行变换、矛盾求解、物场求解、功能求解、效应求解等，建立解决"问题预期效应与实际效应之间偏差"的技术方案。

问题求解同样需要工具的辅助，求解工具包括可拓变换、发明技巧（原理）、矛盾求解方法、物场问题求解方法、科学效应库、技术进化方法、裁剪等。

5.2 可拓变换

问题与思考

什么是可拓变换？可拓变换有哪些类型？每种可拓变换如何使用？

前面的拓展分析只能给出创新发明问题求解的多种途径，需要进行可拓变换，才能实现创新发明问题的创意。通过某些可拓变换，不可知问题可以变为可知问题，不可行问题可以转化为可行问题。

可拓变换包括基本可拓变换、变换运算、传导变换等。其中基本可拓变换有基元的置换变换、增删变换、扩缩变换、分解变换、复制变换；变换运算有积变换、与变换、或变换、逆变换。

1. 基元的置换变换

基元的对象、特征、量值均可根据前面拓展分析后的路径进行置换变换，生成新的对象创意。

（1）基元量值的置换变换 它是把基元的对象关于某特征的量值变换成另外一个量值。例如，对游戏手柄颜色与按钮样式的量值进行置换变换，结果如表 5-1 和图 5-1 所示。

表 5-1 游戏手柄的置换变换

变换前			变换方式	变换后		
对象	特征	量值	置换	对象	特征	量值
手柄外壳 D	颜色	纯白色		手柄外壳 D'	颜色	彩色
	按钮样式	手板按钮			按钮样式	曲面按钮

对某物元的量值进行置换变换，一定会导致其对象发生传导变换。但对某事元或关系元的量值进行置换变换，则不一定会导致其对象发生传导变换。

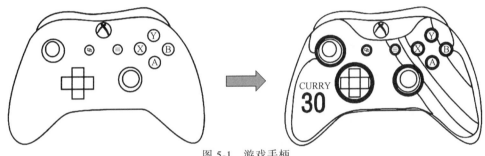

图 5-1 游戏手柄

（2）基元对象的置换变换 它是把基元的对象变换成另外一个对象。此时，该基元的特征和量值可以保持不变。例如，现有一款颜色为透明的雨衣，根据拓展分析的结果，可以做物元对象的置换变换，见表 5-2。

表 5-2 对象的置换变换

变换前			变换方式	变换后		
对象	特征	量值	置换	对象	特征	量值
雨衣 D	颜色	透明		雨伞 D'	颜色	透明
	材料	高分子材料			材料	高分子材料

经置换变换获得的透明雨伞如图 5-2 所示。

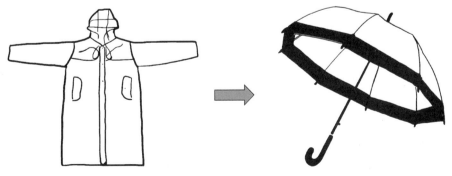

图 5-2 透明雨衣和透明雨伞

（3）基元特征的置换变换　它是把基元的特征变换成另外一个特征。此时，该基元的量值可以保持不变，也可以变为新量值。例如，某款行李箱 D 的高度为 a，可做如下特征的置换变换，见表5-3。

表5-3　特征的置换变换

变换前			变换方式	变换后		
对象	特征	量值		对象	特征	量值
行李箱 D	高度/mm	500	置换	行李箱 D'	宽度/mm	500
	容积/m³	0.7			容积/m³	0.7

则可得到宽型行李箱的创意，如图5-3所示。

这里的例子是对物元的置换变换，也可以对事元、关系元、复合元等进行相应的置换变换。

2. 基元的增删变换

（1）基元量值的增删变换　它是把基元的对象关于特征的量值通过增加或删减变换成

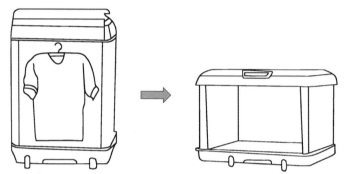

图5-3　行李箱的特征置换

另外一个量值的变换。对基元的量值实施增删变换，其对象一般都会发生传导变换。同样地，对基元的对象实施增删变换，其关于某些特征的量值也会发生传导变换。

（2）基元对象和量值的增删变换　它是把基元的对象和与其关于特征的量值通过增加或删减变换成另外一个对象和量值的变换。对基元的对象实施增删变换，其关于某些特征的量值也会发生传导变换。

案例：台灯具有照明的功能，音响具有播放音乐的功能，这里可做增加变换，获得具有组合功能的新产品。

"照明"的实质是"提供光线"，增加变换见表5-4，可以获得如图5-4所示的结合了台灯和音响功能的创意产品。

表5-4　增删变换

变换前			变换方式	变换后		
对象	特征	量值	增删	对象	特征	量值
提供	支配对象	光线			支配对象	光线+音乐
	工具	台灯 E	提供+播放			
播放	支配对象	音乐		工具	台灯 E+音响 D
	工具	音响 D				

3. 基元的扩缩变换

（1）基元量值的扩缩变换　把基元关于某个特征的量值通过扩大或缩小变换成另外一个量值的变换，称为基元量值的扩缩变换。量值的扩大或缩小变换，必然会导致对象的扩大或缩小。

（2）基元对象的扩缩变换　把基元的对象通过扩大或缩小变换成另外一个对象的变换，称为基元对象的扩缩变换。对象的扩大或缩小变换，一定是该对象关于某个特征的量值发生的扩大或缩小变换，但不一定会导致该对象关于所有特征的量值的扩大或缩小。

案例：桌子是一种常用的家具，但它一般会占据很大空间，在小房间中使用时会带来诸多不变。利用扩缩变换可以获得新的创意，如表5-5和图5-5所示。

表5-5　扩缩变换

变换前			变换方式	变换后		
对象	特征/mm	量值		对象	特征/mm	量值
桌子 D	高度	800	扩缩	桌子 D'	高度	400
	宽度	500			宽度	200
	长度	1500			长度	500

图5-4　具备音响功能的台灯

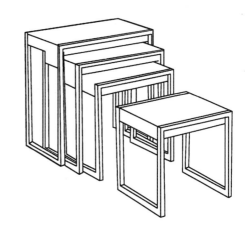

图5-5　尺寸不同的桌子

4. 基元的分解变换

物元的分解变换是把某个物元关于某特征的量值分解成多个量值，相应地，对象也被分解为多个对象的变换。把产品设计成模块组合或可调整的方式就属于分解变换。

事元的分解变换包括两种：①把某个事元关于某特征的量值分解成多个量值，相应地，动作也被分解为多个动作；②把某个事元的动作分解为多个动作，相应地，关于某些特征的量值也被分解为多个量值。在这两种情况中，也有相应的动作或量值不做分解的特例。

关系元的分解变换类似于事元的分解变换。

案例：普通台灯的光线强度是一定的，通过分解变换，可以使台灯在看书、休息、看手机时的光线强度都不一样。可形式化表示为

$T($ 台灯 $O(t)$,光线强度,强 $)$

$=\{($ 台灯 $O($ 看书时 $)$,光线强度,强 $)\}$,（台灯 $O($ 看手机时 $)$,光线强度,稍弱 $)$,

　（台灯 $O($ 休息时 $)$,光线强度,弱 $)\}$

则可以获得可调节光线强度台灯的创意，如图5-6所示。

5. 基元的复制变换

复制是一种特殊的基本变换，如洗相片、复印、扫描、印刷、光盘刻录、录音、录像、反复使用的方法、产品的复制等。这种变换在信息领域中应用非常广泛。

批量生产也是一种复制，它既包括实体的复制，也包括虚部的复制。提供的条件可分为两类：一类是可以反复使用的条件；另一类是不可复制的，只能分配使用的条件。

复制变换可细分为很多类型。实施复制变换后，对象至少变为两个，即原对象和复制后的对象，也可以变为多个。根据复制后的对象不同，复制变换分为扩大复制、缩小复制、近似复制、多次复制。

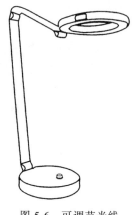

图 5-6　可调节光线强度的台灯

6. 规则的变换

规则又称为准则，是进行创新或解决矛盾问题的重要条件。在实际问题中，这些规则都是可以改变的，有时矛盾问题的产生可能是由于规则的不恰当导致的，改变规则，也可能使矛盾问题得到解决。对产品创新而言，改变规则也可能生成新的产品创意。

规则的基本变换方法与基元的变换方法类似，有置换变换、增删变换、扩缩变换等。

研究规则的变换，就是对元素和实数之间的映射关系进行变换，可为创新或解决矛盾问题开辟新的路径。

案例：企业在设计产品时需要考虑用户的体验和需求。例如，对于鼠标"颜色"或"造型"的量值与使用者的"使用场合"或"使用状态"，可以建立相关关系。

以下的鼠标、使用者物元，存在不同的特征及其量值，若建立起这些特征的量值之间的函数关系 k_1、k_2、k_3，则可对鼠标物元特征的量值进行规则变换，从而形成新的物元，产生新的创意。

$$M_1 = \begin{pmatrix} \text{鼠标 } D_1, & \text{亮度,} & v_{11} \\ & \text{颜色,} & v_{12} \\ & \text{造型,} & v_{13} \end{pmatrix}, \quad M_2 = \begin{pmatrix} \text{使用者 } D_2, & \text{使用场合,} & v_{21} \\ & \text{使用状态,} & v_{22} \end{pmatrix}$$

根据两个物元特征量值之间的函数关系，对鼠标物元的特征量值进行规则变换，即

$$T_1 v_{11} = v'_{11} = k_1(v_{21}), \, T_2 v_{12} = v'_{12} = k_2(v_{21}), \, T_3 v_{13} = v'_{13} = k_3(v_{22}), \cdots$$

则变换后的鼠标物元为

$$M_1 = \begin{pmatrix} \text{鼠标 } D'_1, & \text{亮度,} & v'_{11} \\ & \text{颜色,} & v'_{12} \\ & \text{造型,} & v'_{13} \end{pmatrix}, \quad M_2 = \begin{pmatrix} \text{鼠标 } D'_1, & \text{亮度,} & k_1(v_{21}) \\ & \text{颜色,} & k_2(v_{21}) \\ & \text{造型,} & k_3(v_{22}) \end{pmatrix}$$

这样，鼠标设计商可以根据客户特征对鼠标的造型、亮度等进行针对性的设计，进而可以有效改善用户体验。图 5-7a 所示为针对游戏用户设计的鼠标，而图 5-7b 所示为针对商业人士设计的鼠标。

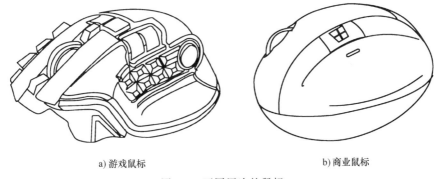

a) 游戏鼠标　　　　　　　　　　　　　　b) 商业鼠标

图 5-7　不同用途的鼠标

7. 论域的变换

论域一般指领域（或范围、集合），论域变换是指领域（或范围、集合）的变换。其基本变换方法包括置换变换方法、增加变换方法、删减变换方法和分解变换方法。当论域为实数域时，还可做数扩大变换和数缩小变换。在经典集合和模糊集合中，都把论域看成是确定不变的；而在可拓集合中，则认为论域也可以变换，这为创新发明问题的解决提供了新的思路。

论域变换给予的启示：在处理创新发明问题的过程中，不能"就事论事"，要敢于对所考察的对象进行置换、扩大或缩小变换，从而突破原有问题的矛盾性，或许能得到一种极具创造性的结果。

案例：某自动化公司主要生产工业机器人，销售对象主要是国内的工业化企业。下面利用论域变换的思想来形成开拓市场的思路。

（1）确定所研究问题的原论域　所研究问题的论域 $U = U$（工业化企业）。由该企业的上述情况可见，其销售只是依靠地理优势。

（2）选择论域变换的方法

1）做论域的置换变换。由于新产品在原论域上没有大的市场，故可做 $T_1 U = U_1$，即放弃原论域，选择一个与本地工业发展情况类似，且经济发达的工业城市或其他国家，作为新的论域 U_1，在此新论域上开拓市场。在论域 U_1 上的销售利用的是"送出去销售"的思想。

2）做论域的增删变换，$T_2 U = U \cup U' = U_2$，即在原论域的基础上，将周边省份也作为论域的一部分。

若在 U_2 上再做论域的删减变换，$T_3 U_2 = U_3$ 且 $U_3 \subset U_2$，即 U_3 是 U_2 中的特殊群体，如当地的农业用户、教育企业等，然后对该机械手臂的自动与半自动结合的特点进行宣传，可创造较好的销售业绩。

3）做论域的分解变换。针对不同的农业种植，生产不同的机械手臂，实施不同的销售方式。这种变换可以在原论域上实施，也可以在置换后的论域上实施，还可在扩大后的论域上实施。如 $T_4 U = \{ U_1', U_2', U_3' \}$，其中 $U_1' = \{ U$ 中的全体大型工业公司 $\}$，$U_2' = \{ U$ 中的全体农业种植用户 $\}$，$U_3' = \{ U$ 中的全体教育企业 $\}$。

该自动化公司可根据变换后的宣传费用、运输费用、销售量预测、价格/成本等因素综合评价应采取何种变换。图 5-8 所示为教育机器人和农业机器人的应用。

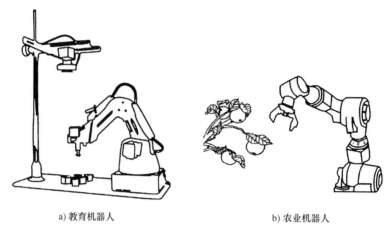

a) 教育机器人　　　　　　　　　　　　b) 农业机器人

图 5-8　机器人应用

5.3　发明技巧

问题与思考

什么是发明技巧？发明技巧有哪些？各种发明技巧的使用路径如何？

5.3.1　发明技巧概述

自 1946 年开始，阿奇舒勒对世界各国的大量发明专利进行了研究，发现了其中的一些规律，总结出 40 个发明技巧（也称发明原理），能直接指导创新发明问题的求解。本节将这些发明技巧与我国成语相结合，以便于大家理解、记忆和应用。表 5-6 列出了发明技巧的使用频率与其实现的特征转换规则。

表 5-6　发明技巧的使用频率与其实现的特征转换规则

序号	发明技巧(发明原理)	使用频率	实现的特征转换规则
1	化整为零(分割)	3	产生新的特征(包含空间、时间和物质的分割)
2	拨沙捡金(抽取)	5	抽取出有用的特征,隔离有害的特征
3	天圆地方(局部质量)	12	局部具有特殊的特征,确保相互作用中产生所需的功能
4	错落不齐(不对称)	24	形状特征最佳化
5	珠联璧合(组合)	33	利用多种效应和特征组合成创新产品
6	一应俱全(多用性)	20	一物具有多种特征,运用不同的特征产生组合的功能
7	层出不穷(嵌套)	34	协调利用空间资源
8	分庭抗礼(重量补偿)	32	施加反向力,抵消重力
9	先发制人(预加反作用)	39	产生需要的反向特征
10	未雨绸缪(预操作)	2	构造方便操作的特征
11	防患未然(预先防范)	29	预防产生不需要的特征
12	平起平坐(等势性)	37	在重力(势力)场中稳定高度(位置)不变

（续）

序号	发明技巧（发明原理）	使用频率	实现的特征转换规则
13	倒行逆施（反向作用）	10	利用反向特征实现所需的功能
14	毁方投圆（曲面化）	21	利用曲面形状的各种特征
15	一静不如一动（动态化）	6	构建柔性、可移动、可控性好的结构或产品
16	多退少补（不足或过度作用）	16	特征量值的选择最优化
17	山不转水转（维数变化）	19	空间特征的协调转换
18	天撼地动（机械振动）	8	振动功能的利用
19	周而复始（周期性作用）	7	时间特征的协调转换
20	马不停蹄（有效作用的连续性）	40	特征在时间维度的稳定协调作用
21	快刀斩乱麻（减少有害作用时间）	35	特征在时间维度的快速协调作用
22	修旧利废（变害为利）	22	利用有害特征实现有益的功能
23	察言观色（反馈）	36	信息特征的有效利用，时间特征和时间流的利用
24	穿针引线（借助中介物）	18	利用中介物的特征实现功能
25	自动自发（自我服务）	28	利用物体自身的特征完成补充、修复的功能
26	以假乱真（复制）	11	利用廉价的复制特征资源替代各种昂贵资源
27	鱼目混珠（廉价替代）	13	利用物体特有的廉价特征，确保一次执行所需的功能
28	李代桃僵（机械系统替代）	4	利用光、声、电、磁、人的感官等新的替代特征，高效率地执行所需的功能
29	水涨船高（气动和液压结构）	14	利用液压和气动特征实现力的传递
30	薄如蝉翼（柔性壳体或薄膜）	25	利用柔性壳体和薄膜的特有作用实现功能
31	无孔不入（多孔材料）	30	利用多孔材料所具有的密度小、过滤性、毛细力等特征
32	五光十色（颜色改变）	9	利用物体的颜色特征
33	物以类聚（同质性）	38	利用相同的某个特定的特征
34	自生自灭（抛弃与修复）	15	使物体随着某一功能的完成而消失，或获得重生
35	随机应变（参数变化）	1	利用变、增、减、稳、测改变物体的各种特征，高效率地执行所需的功能
36	沧海桑田（相变）	26	利用物体相变时产生的体积膨胀、热量变化等特征实现所需功能
37	热胀冷缩（热膨胀）	27	利用物体的热膨胀实现所需功能
38	推波助澜（加速氧化）	31	利用强氧化剂的化学作用实现所需功能
39	孟母三迁（惰性环境）	23	利用化学惰性气体或真空的特征改变环境
40	相辅相成（复合材料）	17	组合不同特征的物体，构建具有优良特征的物体来实现所需功能

5.3.2　40个发明技巧详解

1. 化整为零（分割原理）

"化整为零"是将一个技术系统分成若干部分，以便分解或合并成一种有益或有害的系统属性。这个技巧在 TRIZ 中称为分割原理，也称分割法。

具体措施：①将物体分成相互独立的部分；②将物体分成容易组装和拆卸的部分；③增加物体的可分性。该技巧的启示：当系统因为太重或太大而不易操控时，可考虑将其分割成若干轻便的子系统，使每一部分均易于操控。

案例： 如图 5-9 所示的模块化机器人，其各部分可以实现独立运动，这些模块可以根据应用需求进行拆卸或组装。分割原理的实例还有组合刀具、组合机床等。

2. **拨沙捡金**（抽取原理）

"拨沙捡金" 是指将系统中有用或有害部分（属性）抽取出来。在 TRIZ 中称为抽取原理，也称抽取法。

具体措施：①从物体中抽出有负面影响的部分或属性，加以隔离；②从物体中抽取必要的部分，做成新产品。该技巧的启示：把系统中的功能或部件分成有用、有害两部分，视情况抽取出来。同时也要注意不是为了抽取而抽取，而是要使系统增加价值。

案例： 为防止声呐（图 5-10）安装在军舰上而受到发动机等的干扰，而将其抽取出来沉入水中，用缆绳拖着，可以不受军舰上的设备干扰。

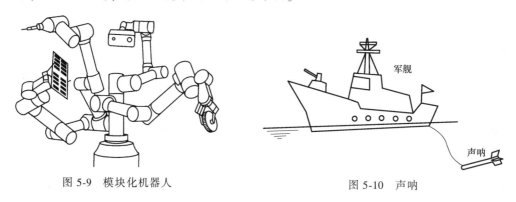

图 5-9　模块化机器人　　　　　　　　　　图 5-10　声呐

3. **天圆地方**（局部质量原理）

"天方地圆" 是指在某一特定区域内（局部地）改变某事物（气体、液体或固体）的特性，以便获得某种所需的功能特性。在 TRIZ 中称为局部质量原理，也称局部质量改善法。

具体措施：①将物体、外部环境或作用的均匀结构改变为不均匀结构；②使物体的不同部分具有不同的功能；③使物体的各部分处于完成其功能的最佳状态。该技巧的启示：要充分利用系统的各个部分，同时应注意不均匀的结构或环境具有很强的适应性。

案例： 在锤子的各个部分安装不同的常用工具，如剪刀、小锤、螺钉旋具、钳子等，便形成了多功能锤子（图 5-11）。这样可以充分利用锤子的每一个部分，使各部分具有不同的功能。

4. **错落不齐**（不对称原理）

"错落不齐" 是将 "各向同性" 转换为 "各向异性"，或是与之相反的过程。各向同性是指在物体的任一部位，沿任一方向进行测量所得结果都是相同的；而各向异性则恰好相反，即在物体的不同部位或沿不同方向进行测量，所得结果是不同的。该技巧在 TRIZ 中称为不对称原理，也称非对称法。

具体措施：①把原来对称结构的物体修改为不对称的结构；②增加不对称物体的不对称程度。该技巧的启示：善于对物体的状态做出改变，如改变物体的平衡、让物体倾斜、减少材料用量、降低总质量、变换几何结构等，以获得特殊的性能。

案例： 为了防止连接插反，一般的电子连接插槽（或插头）都设计成非对称结构，如图 5-12 所示。

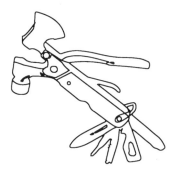

图 5-11 多功能锤子

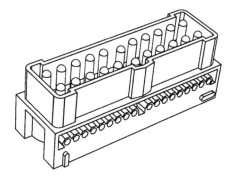

图 5-12 连接插槽

5. 珠联璧合（组合原理）

"珠联璧合"（"集众所长"）是指在物体的功能、特性或部分之间建立一种联系，使其产生一种新的、期望的结果。通过对已有功能进行组合，可以生成新的功能。该技巧在 TRIZ 中称为组合原理，或称组合法。现在经常提到的"集成创新"（将各种有益的技术融合在一起）利用的也是这个原理。这个技巧与技术进化工具中"向超系统跃迁法则"的"单系统-双系统-多系统"进化路径相似。

具体措施：①把空间相邻的物体或相邻的操作联合起来；②把时间上相邻的物品或相邻的操作联合起来。该技巧的启示：可以将新材料、新方法、新技术引入老产品中，在时间和空间上加以组合，达到提高产品性能的目的。

案例： 将胶带和切割刀组合在一起，构成一体化的胶带座，如图 5-13 所示。

6. 一应俱全（多用性原理）

"一应俱全"是指一个物体可实现多种不同功能，因而不需要多个物体完成不同功能。该技巧在 TRIZ 中称为多用性原理，也称一物多用法。

具体措施：①使物体具备多种功能；②如果某个物体的功能被取代，则该物体可以被裁剪。该技巧的启示：设计物品或产品时，可以考虑增加其功能。

案例： 健身房的多功能健身器材，一部机器能够实现多种训练项目，如图 5-14 所示。

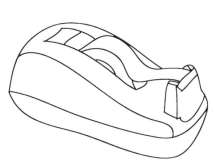

图 5-13 胶带座

图 5-14 多功能健身器材

7. 层出不穷（嵌套原理）

"层出不穷"是指采用一种方法将一个物体放入另一个物体的内部，或者让一个物体通过另一个物体的空腔而实现嵌套，即彼此吻合、彼此套合等。该技巧在 TRIZ 中称为嵌套原理，或称套叠法。

具体措施：①一个物体位于另一物体之内，而后者又位于第三个物体之内，以此类推；②一个物体通过另一个物体的空腔。该技巧的启示：尝试在不同方向上进行嵌套，如水平、竖直、旋转、包容等，考虑空间的利用，以及被嵌套的质量。

案例：嵌套家具是将一件家具嵌套在另一件内，如图 5-15 所示。

8. 分庭抗礼（重量补偿原理）

"分庭抗礼"是指以一种对抗或平衡的方式来减弱或消除某种效应，或者纠正某种缺陷，或者补偿过程中的损失，从而建立一种均匀分布形式，或者增强系统的其他功能。该技巧在 TRIZ 中称为重量补偿原理，或称质量补偿法。

具体措施：①将物体与具有上升力的另一物体结合以抵消其重量；②将物体与介质（最好是气动力和液压力）相互作用以抵消其重量。该技巧的启示：尽量利用气体或液体的浮力，完成一些必要的功能。

案例：飞艇在空中飞行，就是利用浮力与重力平衡的原理，如图 5-16 所示；潜水艇也是利用重量补偿原理工作的。

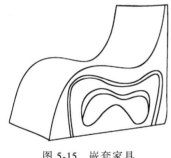

图 5-15　嵌套家具

图 5-16　飞艇

9. 先发制人（预先反作用原理）

"先发制人"是指根据可能出现问题的地方，预先采取一定的措施来消除、控制或防止某些问题出现。该技巧在 TRIZ 中称为预先反作用原理，也称预加反作用法。

具体措施：①事先施加机械应力，以抵消工作状态下不期望出现的过大应力；②如果需要某种相互作用，则事先施加反作用。该技巧的启示：应预先采取行动来抵消、控制或防止潜在故障出现；设计时考虑预应力结构、弹簧复位、发条驱动等，都属于预先反作用。

案例：图 5-17 所示的弹簧枪采用了预应力结构，利用预应力弹簧储存机械能，即在发射前将弹簧压缩，发射时弹簧伸长。

10. 未雨绸缪（预先作用原理）

"未雨绸缪"是指在另一事件发生前，预先执行该作用的全部或一部分。这个技巧在 TRIZ 中称为预操作原理，也称预操作法。

具体措施：①预先完成要求的作用（整个的或部分的），如加工成半成品；②预先将物体安放妥当，使它们能在现场和所需地点立即完成所需要的作用。该技巧的启示：应预先考虑一些措施，以便在临时应用时带来方便，如准备备件、胶条等。

案例：先将备胎安置在汽车的某个位置，在紧急需要的时候即可及时地取出和安装，如图 5-18 所示。

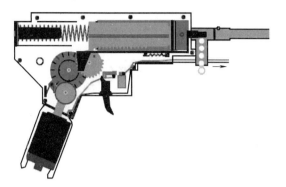

图 5-17　弹簧枪

图 5-18　备胎

11. 防患未然（预先防范原理）

"防患未然"是指对将要发生的事情，预先做好防范措施，以防止或减少危险的发生。该技巧在 TRIZ 中称为预先防范原理，也称预防原理、事先防范原理或预先防范法。

具体措施：以事先准备好的应急手段补偿物品的可靠性，即采用各种手段防止系统发生危险，考虑防撞、防漏、防跌、防坠物、防晒、防盗、防泄密、防灾等，如楼道灭火器、汽车内的安全锤、弯道的防护栏、安全气囊，以及飞机和轮船上的救生衣、电梯内的对讲机等。

案例：汽车保险杠是吸收和减缓外界冲击力、防护车身前后部的安全装置，当汽车与其他物体发生摩擦碰撞时，能够减轻伤害，如图 5-19 所示。

12. 平起平坐（等势性原理）

"平起平坐"是指改变物体的工作状态，以减少物体上升或下降的需要。该技巧在 TRIZ 中称为等势性原理，也称等势法或相对法。

具体措施：①使一个系统或加工过程的所有点或所有方面处于同一水平，以减少重力做功；②在系统内部建立关联，使系统可以支持等势状态；③建立连续或完全互联的组合及关系。该技巧的启示：减少重力做功，充分利用环境、结构或系统内部资源，以最低的附加能量消耗来有效地消除不等位势（有害作用）。车轮之所以是车辆必不可少的部件，就是因为其具有等势性，不论车轮转动到哪个位置，其中心与地面的距离总是相等的，即车轴的位势总是保持与地面相同的差值。

案例：图 5-20 所示的货物传送带与机器人的最佳拾取高度保持一致，减轻了机械手的工作负荷。

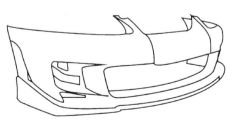

图 5-19　汽车保险杠

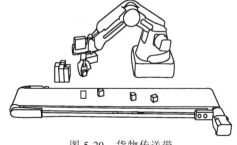

图 5-20　货物传送带

13. 倒行逆施（反向作用原理）

"倒行逆施"是指施加一种相反（或反向）作用，上下颠倒或内外翻转。该技巧在TRIZ中称为反向原理，也称反向作用、反向功能或逆向运作法。

具体措施：①用相反的作用代替技术条件规定的作用；②使物体或外部介质的活动部分成为不动的，而使不动的成为可动的；③将物体颠倒。该技巧的启示：尝试使系统或物体反转或颠倒，看能否获得新功能、新特征、新作用及新物体。

案例： 某些空腔类的零件若使用减材制造方法加工可能会很不方便。这时可以选择增材制造方法，如使用3D打印机打印球框，如图5-21所示。

14. 毁方投圆（曲面化原理）

"毁方投圆"是指应用曲线或球面属性取代线性属性，用转动取代线性运动，使用滚筒、球或螺旋结构。该技巧在TRIZ中称为曲面化原理，也称曲化法、类球面法。

具体措施：①从直线部分过渡到曲线部分，从平面过渡到球面，从正六面体或平行六面体过渡到球形结构；②利用杆、球体、螺旋；③从直线运动过渡到旋转运动，利用离心力。该技巧的启示：尝试将直角、线性、平面、立方体转换为圆角、非线性、曲面、球面体，看能否实现新的功能。

案例： 采用流线型设计的跑车能够显著降低行驶时车辆受到的阻力，如图5-22所示。

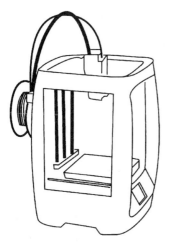
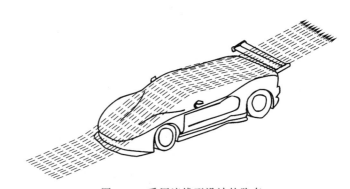

图 5-21　3D 打印机　　　　　　　　图 5-22　采用流线型设计的跑车

15. 一静不如一动（动态化原理）

"一静不如一动"是指使系统的状态或属性成为短暂的、临时的、可动的、自适应的、柔性的或可变的。该技巧在TRIZ中称为动态化原理，也称动态特性法。这个技巧与技术进化工具中的动态化进化法则是一致的。

具体措施：①改变物体的性质或外部环境，使其在工作的每一阶段都达到最佳效果；②将物体分成彼此相对移动的几个部分；③使不动的物体成为动的。该技巧的启示：考虑将系统中的某些几何结构改为柔性的、自适应的；将往复直线运动改为旋转运动；让相同的部分执行多种功能；使某些刚性特征变为柔性的；使系统可在多种环境下工作。

案例： 体型较大的无人机在飞行时会遇到一个问题，那就是机翼太长，导致螺旋桨出现在相机的视野内。Inspire无人机使用一种变形结构解决了这个问题。在起飞或降落阶段，机翼下降以使脚架触底；在飞行阶段，机翼上升以使螺旋桨上移，离开镜头视野，如图5-23所示。

16. 多退少补（未达到或过度作用原理）

"多退少补"是运用"多于"或"少于"所需的某种作用或物质来获得最终结果。该技巧在TRIZ中称为不足或过度作用原理，也称不足作用或过量作用法。

具体措施：如果所期望的效果难以100%实现，则稍微超过或稍微小于期望的效果，会使问题大大简化。该技巧的启示：当做某件事不能直接取得最佳效果时，先从容易掌握的情况或者最容易获得的东西入手，尝试在"多于"和"少于"之间过渡，或者尝试在"更多"和"更少"之间渐进调整等。

案例：浇注是指把熔融金属等注入模具中，使金属部件的铸造成形。在浇注时无法保证精确的浇注量，通常会注入过量的熔融液体，如图5-24所示，以补充冷却时的收缩。

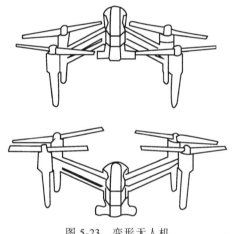

图5-23 变形无人机

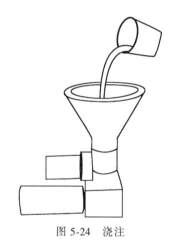

图5-24 浇注

17. 山不转水转（维数变化原理）

"山不转水转"是指改变线性系统的方位，使竖直变成水平、水平变成倾斜、水平变成竖直等。该技巧在TRIZ中称为维数变化原理，也称多维法。

具体措施：①一维过渡到二维，或者二维过渡到三维空间；②利用多层结构替代单层结构；③将物体倾斜或侧置；④利用指定面的反面或相邻面；⑤利用投向相邻面或反面的光线。该技巧的启示：考虑改善空间的使用效率、可达性等；如果将物体转换到新的维度上不能满足要求，则需要对其进行第二次或多次转换；考虑使用物体的另外一个面。

案例：多轴联动数控机床（图5-25）能够加工形状复杂的工件；多碟CD、螺旋式楼梯等应用的也是这个原理。

18. 天撼地动（机械振动原理）

"天撼地动"是指运用振动或振荡，将一种规则的、周期性的变化范围限制在一个平均值附近。该技巧在TRIZ中称为振动原理，也称振动法。

具体措施：①使物体振动；②如果物体已在振动，则提高它的振动频率（达到超声波频率）；③利用共振频率；④用压电振动替代机械振动；⑤利用超声波振动同电磁场配合。该技巧的启示：可以考虑运用振动，使物体发生振动，改变振动程度，利用共振、压电振子、耦合振动等。

案例：振动盘盘体的振动实现了物料的筛分，如图 5-26 所示；另外，振动铸造、振动式电动剃须刀、超声碎石等利用的也是这一技巧。

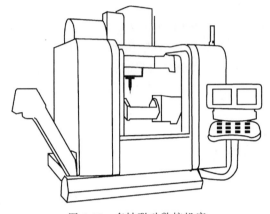

图 5-25　多轴联动数控机床

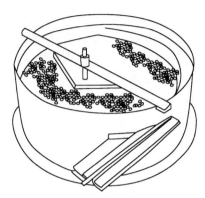

图 5-26　振动盘

19. 周而复始（周期性作用原理）

"周而复始"是指改变执行动作的方式，以达到所需的效果。该技巧在 TRIZ 中称为周期性作用原理，也称离散法。

具体措施：①用周期（脉冲）性动作替代连续性动作；②如果已经是周期性动作，则改变动作周期；③利用脉冲的间歇完成其他动作。该技巧的启示：尝试利用动作间隙、改变频率等。

案例：脉冲喷水器（图 5-27）利用周期性的开关动作实现周期性的喷水动作。

20. 马不停蹄（有效作用的连续性原理）

"马不停蹄"是指产生连续动作或消除所有空闲及间歇性动作，以提高其效率。该技巧在 TRIZ 中称为有效作用的连续性原理，也称有效作用持续法。

具体措施：①连续工作（物体的所有部分均满负荷工作）；②消除空转和间歇运转。该技巧的启示：要消除物体的空闲部分，或者保持连续工作与消除停歇时间。

案例：双向气筒（图 5-28）消除了空闲行程，使充气效率得到提高；发动机飞轮利用的也是这个技巧，汽车怠速时，发动机的飞轮仍然在工作，以储存发动机多余的能量。

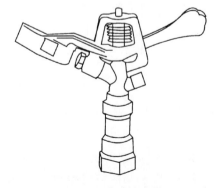

图 5-27　脉冲喷水器

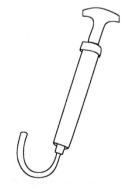

图 5-28　双向气筒

21. 快刀斩乱麻 （减少有害作用时间原理）

"快刀斩乱麻"是指快速执行一项危险的或有害的作业，以减少有害的副作用。该技巧在 TRIZ 中称为减少有害作用时间原理，也称快速法、急速动作法、减少有害作用时间法。

具体措施：高速跃过有害的或危险的动作。该技巧的启示：若产品在执行某个动作期间会产生有害的功能或状况，则需要考虑采取各种方法来加快这个动作，以减少此动作的危害性。

案例：低电量报警器（图 5-29）适合安装在由电池供电的机器上，当电池电量很低时，低电量报警器会报警或将信息反馈给控制系统，执行某些保护操作，因为在低电量情况下使用电池容易造成电芯损害以及供电异常而导致系统运行不稳定等。闪光灯、高速牙钻等利用的也是这一技巧。

22. 修旧利废 （变害为利原理）

"修旧利废"是指利用各种方式从有害物（或废物、有害作用）中取得有用的价值。该技巧在 TRIZ 中称为变害为利原理，也称变有害为有益法。

具体措施：①利用有害因素（特别是介质的有害作用）获得有益的效果；②通过有害因素与另外几个有害因素的组合来消除有害因素；③将有害因素加强，使其不再有害。该技巧的启示：把不能用的物品改造成能够使用的物品，或者将几种有害作用相互结合以消除其有害作用。

案例：高频加热即感应加热，是一种利用电磁感应来加热电导体的方式，如图 5-30 所示。电磁加热可智能加热金属的外表面，一开始被认为是缺陷，但当用作金属的热处理时则非常合适。

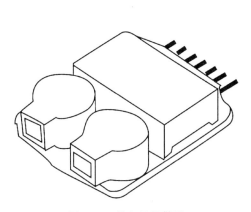

图 5-29 低电量报警器

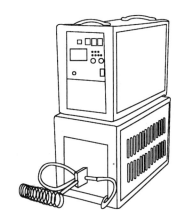

图 5-30 电磁加热

23. 察言观色 （反馈原理）

"察言观色"是指将系统的输出作为输入返回到系统中，以便增强对输出的控制。该技巧在 TRIZ 中称为反馈原理，也称反馈法。

具体措施：①引入反馈信号；②如果已有反馈，则改变它的大小或作用。该技巧的启示：要善于利用反馈信息来修正系统的功能。

案例：温控阀（图 5-31）是一种引入温度反馈，通过改变阀门开启度来调节流量，以消除负荷波动造成的影响，使温度恢复至设定值的阀门。声控灯、光控路灯等应用的也是这一技巧。

24. 穿针引线（借助中介物原理）

"穿针引线"是指利用某种中间载体、阻挡物或过程，在不相容的部分、功能、事件或情况之间经调解或协调而建立的一种临时连接。该技巧在 TRIZ 中称为中介物原理，也称中介法。

具体措施：①利用可以迁移或有传送作用的中间物体；②把另一个（易分开的）物体暂时附加给某一物体。该技巧的启示：要善于利用工具，如在不匹配或有害结构（功能、动作）之间利用一种临时中介物，以阻隔这种有害作用。

案例：当手术要求具有很高的操作精度，或者直接由人手很难操作时，可以使用手术机器人（图 5-32）上的遥控装置，操作机器人进行手术。

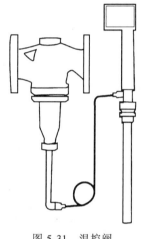

图 5-31　温控阀

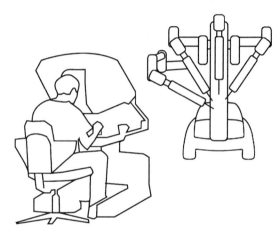

图 5-32　手术机器人

25. 自动自发（自我服务原理）

"自动自发"是指在执行主要功能（或操作）的同时，以协助或并行的方式执行相关功能（或操作）。该技巧在 TRIZ 中称为自服务原理，也称自助法。

具体措施：①物体应当为自我服务，完成辅助和修理工作；②利用废料（能源的和物质的）。该技巧的启示：要巧妙地利用"自然控制机构"，如利用重力、水力、毛细力等物理、化学或几何效应。

案例：太阳能锁（图 5-33）不需要外界电源供电，而使用阳光这一资源，只要是晴天，这种锁就能补充自身的电量。

26. 以假乱真（复制原理）

"以假乱真"是指利用一个拷贝、复制品或模型来代替因成本过高而不能使用的物体。该技巧在 TRIZ 中称为复制原理，也称复制法。

具体措施：①用简单而便宜的复制品代替难以得到的、复杂的、昂贵的、不方便的或易损坏的物体；②用光学拷贝（图像）代替物体或物体系统，此时可改变比例（放大或缩小复制品）；③如果利用可见光的复制品，则转为红外线的或紫外线的复制。该技巧的启示：复制其实就是一种映射，可以用多种手段实现复制，如实物缩比模型、计算机模型、数学模型等，注意要考虑复制物的比例；复制还应包括原理的移植，如将汽车玻璃升降机构移植到房间的窗户上，做成可以使玻璃收进下侧墙体的窗户模块，就可以省去擦玻璃的麻烦。

案例：有限元分析（图5-34）利用数学近似的方法对真实物理系统在一定工况下进行模拟，从而免去了使用真实模型进行试验的高昂成本。

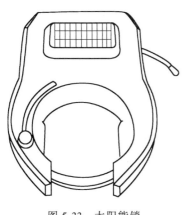

图5-33 太阳能锁

图5-34 有限元分析

27. 鱼目混珠（廉价替代原理）

"鱼目混珠"是指使用廉价的、较简单的或较易处理的物体，以便降低成本、增加便利性、延长使用寿命等。该技巧在TRIZ中称为廉价替代原理，也称替代法。

具体措施：用廉价的不持久性替代昂贵的持久性原则，用一组廉价物体替代一个昂贵物体，放弃某些品质（如持久性）。该技巧的启示：用简单替代复杂，用廉价替代昂贵，用"短命"替代"长寿"；替代的物体可以是机器、设备和工具，也可以是信息、能量、人及过程。

案例：一次性防护服（图5-35）适合那些偶尔参观工厂的客户使用，既容易管理也不会造成浪费。

28. 李代桃僵（机械系统替代原理）

"李代桃僵"是指利用物理场或其他的形式、作用和状态来代替机械的相互作用、装置、机构及系统。该技巧在TRIZ中称为机械系统替代原理，也称系统替代法。

具体措施：①用光学、声学等系统代替机械系统；②用电场、磁场和电磁场同物体相互作用；③由恒定场变为不定场，由时间固定的场变为时间变化的场，由无结构的场变为有一定结构的场；④利用铁磁颗粒组成的场。该技巧的启示：考虑用物理场代替机械场，由可变场代替恒定场，由结构化场代替非结构化场，由生物场代替机械作用。在非物理系统中，概念、价值或属性都可以是被代替的对象。

案例：电磁锁（或称磁力锁）（图5-36）是利用电生磁的原理，当电流通过硅钢片时，电磁锁会产生强大的吸力紧紧地吸住铁板以达到上锁的效果。

29. 水涨船高（气动和液压结构原理）

"水涨船高"是指运用空间或液压技术来替代普通系统元件或功能。该技巧在TRIZ中称为气动和液压结构原理，也称压力法。

具体措施：用气动结构和液压结构代替物体的固体部分，如充气和充液结构、气枕、静液和液体反冲结构。该技巧的启示：考虑产品系统中是否包含具有可压缩性、流动、湍流、

图 5-35 一次性防护服

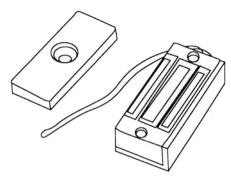

图 5-36 电磁锁

弹性及能量吸收等属性的元件，可以用气动或液压元件代替这些元件。

案例： 千斤顶（图 5-37）主要用于厂矿、交通运输等部门，完成车辆修理及其他起重、支撑等工作。气垫运动鞋等运用的也是这一技巧。

30. 薄如蝉翼（柔性壳体或薄膜原理）

"薄如蝉翼"是指将传统刚体替代为薄膜或柔性壳体，或者利用薄膜或柔性壳体使物体与其环境隔离。该技巧在 TRIZ 中称为柔性壳体或薄膜原理，也称柔化法。

具体措施： ①利用软壳和薄膜代替一般的结构；②用软壳和薄膜使物体同外部介质隔离。该技巧的启示：如果想把物品与周围的环境隔离，或者想用薄的物品代替厚的物品，均可以尝试此技巧。

案例： 飞机在长时间停滞不用的时候，应使用机身保护膜（图 5-38）包裹起来，以保护表面蒙皮。

图 5-37 千斤顶

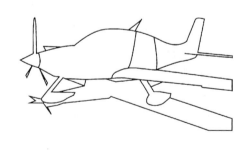

图 5-38 机身保护膜

31. 无孔不入（多孔材料原理）

"无孔不入"是指通过在材料或物体中钻孔、开空腔或通道来增强其多孔性，从而改变某种气体、液体或固体的形态。该技巧在 TRIZ 中称为多孔材料原理，也称孔化法。

具体措施： ①把物体做成多孔的或利用附加多孔元件（镶嵌、覆盖）等；②如果物体已经是多孔的，可事先用某种物质填充空孔。该技巧的启示：可以考虑使用多孔结构代替普通结构；使用孔穴、气泡、毛细管等孔隙结构时，其中可以是真空的，也可以充满某种有用的气体、液体或固体。

案例：多孔机箱（图5-39）是一种能够在外面看见其内部情况的机箱，更重要的是它提供了散热通道，可保证元件正常工作。

32. 五光十色（颜色改变原理）

"五光十色"是指通过改变对象或系统的颜色，来提升系统的价值或解决检测问题。该技巧在 TRIZ 中称为改变颜色原理，也称色彩法。

具体措施：①改变物体或外部介质的颜色；②改变物体或外部介质的透明度；③为了观察难以看到的物体或过程，使用染色添加剂；④如果已采用了染色添加剂，而效果不明显，则采用荧光粉。该技巧的启示：在区别多种系统的特征（如易于检测、改善测量或标识位置、指示状态改变、目视控制等）时，可以考虑应用此技巧。

案例：液晶玻璃（图5-40）的颜色和透明度是可变的。

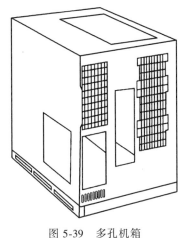

图 5-39　多孔机箱

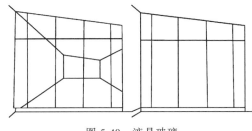

图 5-40　液晶玻璃

33. 物以类聚（同质性原理）

"物以类聚"是指若两个或多个物体或者两种或多种物质彼此相互作用，则其应包含相同的材料、能量或信息。该技巧在 TRIZ 中称为同质性原理，也称均质化法。

具体措施：两个相互作用的物体，应当用相同材料或特性相近的材料制成。该技巧的启示：寻找材料间的等同性，即几种材料的属性相同或接近，这样可以保证几种材料在一起使用时不会产生有害的结果。

案例：焊接（图5-41）时应使用与待焊接物体材料性质相近的焊条。用金刚石割刀切割金刚石也应用了这一技巧。

34. 自生自灭（抛弃与修复原理）

"自生自灭"是指抛弃原理和修复原理的结合，抛弃是指从系统中去除某物，修复则是将某事物恢复到系统中以进行再利用。该技巧在 TRIZ 中称为抛弃与修复原理，也称自生自弃法。

具体措施：①采用溶解、蒸发等手段，抛弃已完成功能的零部件，或者在系统运行过程中直接修改它们；②在工作过程中，迅速补充系统或物体中消耗的部分。该技巧的启示：当系统中某个零部件的功能已经完成时，可将其从系统中去除，或者对其进行恢复以便再利用。

案例：机枪（图 5-42）的弹夹比较长，而且是柔性填装的，在发射时能够迅速补充消耗掉的子弹，弹壳完成任务后即被弹出抛弃。

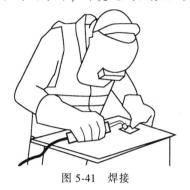

图 5-41　焊接

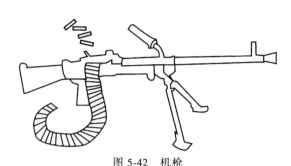

图 5-42　机枪

35. 随机应变（参数变化原理）

"随机应变"是指通过改变一个物体或系统的属性（物理或化学参数），来提供一种有用的益处。该技巧在 TRIZ 中称为参数变化原理，也称性能转换法。

具体措施：①改变聚集态（物态）；②改变浓度或密度；③改变柔度；④改变温度或体积。该技巧的启示：可以考虑改变系统或物体的各种属性（物理或化学状态、密度、导电性、机械柔性、温度、几何结构等），以实现系统的新功能。

案例：图 5-43 所示为一种使用了柔性杆的柔性机器人，使得原来具有有限自由度的刚性机器人变成了具有无限自由度的柔性机器人。

36. 沧海桑田（相变原理）

"沧海桑田"表示变化巨大，是指利用一种材料或情况的改变，来实现某种效应或产生某种系统的改变。该技巧在 TRIZ 中称为相变原理，也称形态改变法。

具体措施：利用物体相变时发生的某种效应或现象（体积变化、吸热或放热）。该技巧的启示：可以利用相变过程（如气态、液态、固态之间的转换过程或反过程），产生气溶胶、吸收或释放热量、改变体积以及产生一种有用的力。

案例：相变宇航服（图 5-44）使用了相变材料。当进入温度较高的环境时，相变材料由固态变成液态，发生的是熔化现象，熔化过程需要吸收热量；当进入温度较低的环境时，相变材料从液态变成固态，发生了凝固，凝固过程会放出热量。

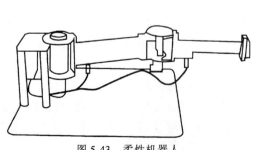

图 5-43　柔性机器人

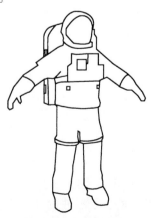

图 5-44　相变宇航服

37. 热胀冷缩（热膨胀原理）

"热胀冷缩"是指利用对象受热膨胀的原理将热能转换为机械能或机械作用。该技巧在 TRIZ 中称为热膨胀原理，也称热膨胀法。

具体措施：①利用材料的热膨胀（或热收缩）性质；②利用一些热胀系数不同的材料。该技巧的启示：可以充分考虑利用正向或负向的热膨胀；同时，热膨胀不只限于热场，可以考虑重力、气压、海拔高度变化或光线变化等引起的热膨胀（收缩）。

案例： 双金属片开关（图 5-45）是利用两片热胀系数不同的金属压制而成的，温度升降时，它会因热胀系数不同而产生变形，从而实现电路的通断。

38. 推波助澜（加速氧化原理）

"推波助澜"是指通过加速氧化过程或增加氧化作用强度，来改善系统的作用或功能。该技巧在 TRIZ 中称为加速氧化原理，也称逐级氧化法。

具体措施：①用富氧空气代替普通空气；②用氧气替换富氧空气；③用电离辐射作用于空气或氧气；④用臭氧化的氧气；⑤用臭氧替换臭氧化的（或电离的）氧气。该技巧的启示：提高氧化水平的次序为空气→富含氧气的空气→纯氧→电离化氧气→臭氧。在非物理系统中，"氧化剂"可以是能够导致过程加速或失稳的任何外部元素。

案例： 高压氧舱（图 5-46）是进行高压氧疗法的专用医疗设备，其内属于强氧化环境。

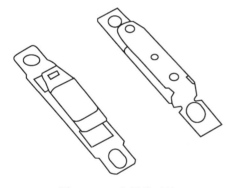

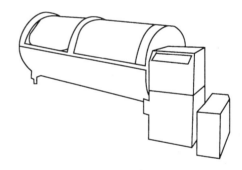

图 5-45　双金属片开关　　　　　　　　图 5-46　高压氧舱

39. 孟母三迁（惰性环境原理）

"孟母三迁"是指制造一种中性（惰性）环境，以便支持所需功能。该技巧在 TRIZ 中称为惰性环境原理，也称惰性环境法。

具体措施：①用惰性介质代替普通介质；②在真空中进行某过程。该技巧的启示：当营造惰性环境时，可以考虑真空、惰性气体（液体或固体）；固体惰性环境包括中性涂层、微粒或要素，同时要考虑"不产生有害作用的环境"。

案例： 惰性气体灭火器（图 5-47）利用了惰性气体性质稳定的特点，通过隔离空气与易燃物来实现灭火的目的。

40. 相辅相成（复合材料原理）

"相辅相成"是指通过将两种或多种不同的材料（或服务）紧密地结合在一起而形成复合材料。该技巧在 TRIZ 中称为复合材料原理，也称复合材料法。

具体措施：由同种材料转变为复合材料。该技巧的启示：可以考虑改变材料成分，没有分层时可以考虑分层，没有增强纤维时可以考虑使用增强纤维（或各种材料）等。

案例：钢筋混凝土（图 5-48）是通过在混凝土中加入钢筋网或纤维而构成的一种复合材料，可以改善混凝土的力学性能。

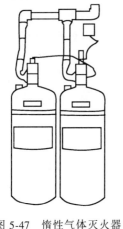 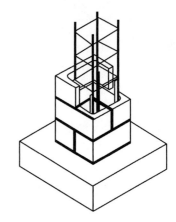

图 5-47　惰性气体灭火器　　　　　　　图 5-48　钢筋混凝土

5.4　矛盾求解方法

❓ 问题与思考

什么是矛盾矩阵？矛盾矩阵如何使用？技术矛盾如何求解？什么是分离原理？物理矛盾如何求解？

5.4.1　矛盾矩阵

TRIZ 中的矛盾矩阵是技术矛盾问题求解的主要工具。阿奇舒勒通过对大量专利进行研究与分析发现，当两个参数产生矛盾时，可以利用 40 个发明技巧进行求解，并建立了工程参数的矛盾与发明技巧的对应关系，整理成一个 40×40 的矩阵——矛盾矩阵，见表 5-7，以便使用者查找。在矛盾矩阵中，首列内容为 39 个改善参数，首行内容为 39 个恶化参数；矩阵内的数字编号为发明技巧的序号，编号的排列顺序表示发明技巧应用频率的高低。

5.4.2　技术矛盾求解

技术矛盾求解是在矛盾分析的基础上，按照改善参数与恶化参数查询矛盾矩阵，并对推荐的发明技巧进行分析，找到合适的发明技巧对矛盾问题进行求解，具体步骤如图 5-49 所示：

1）根据由矛盾分析的结果确定的矛盾技术参数，查找 TRIZ 矛盾矩阵。

2）对查询到的发明技巧进行分析。

3）选择其中合适的发明技巧进行矛盾问题求解，建立解决方案。

表 5-7 40×40 矛盾矩阵（部分）

改善参数＼恶化参数	1. 运动物体的重量	2. 静止物体的重量	3. 运动物体的长度	4. 静止物体的长度	...	39. 生产率
1. 运动物体的重量	+	−	15,8,29,34	−		35,3,24,37
2. 静止物体的重量	−	+	−	10,1,29,35		1,28,15,35
3. 运动物体的长度	8,15,29,34	−	+	−		14,4,28,29
4. 静止物体的长度	−	35,28,40,29	−	+		30,14,7,26
...		...				...
39. 生产率	1,28,7,10	1,32,10,25	1,35,28,37	12,17,28,24	...	+

注意：①在矛盾求解之前，要先进行矛盾分析，定义矛盾双方的标准工程参数，之后才能查询矛盾矩阵；②在矛盾矩阵中，一个技术矛盾（改善参数与恶化参数）最多对应 4 种发明技巧，要进行分析和筛选，如果没有找到合适的发明技巧来解决该矛盾，则需要重新进行矛盾分析，然后再查询矛盾矩阵，直到矛盾问题得到解决。

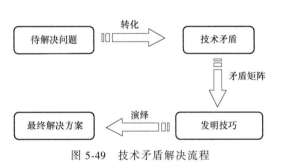

图 5-49 技术矛盾解决流程

5.4.3 技术矛盾求解实例

大型铸件在磨削过程中会产生大量粉尘污染物，对环境和工人的健康造成危害，因此，需要设计除尘装置来收集和处理这些粉尘。传统的龙门磨床（图 5-50）在加工过程中，首先需要将砂轮调整至加工位置并高速旋转，随后工作台带着工件来回运动并与高速旋转的砂轮接触实现铸件的磨削。这种通过工作台的移动来磨削铸件的方式，导致龙门磨床的体积较大，给除尘工作带来了一定的困难。

1. 确定技术矛盾

拟采用密闭空间的方法来收集和处理粉尘，为了建立较小的密闭加工空间以降低粉尘治理难度，必须对龙门磨床进行结构改造，即尽可能地缩小机床的体积。传统磨床在保持结构不变的情况下，只能通

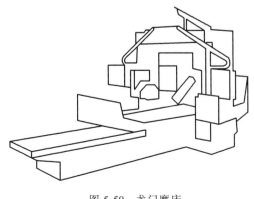

图 5-50 龙门磨床

过缩小磨床的结构参数来实现这一目的。而缩小工作台、操作台或其他辅助装置的大小，可能会影响磨床操作的便利性。

另外，为了有效地收集铸件磨削过程中产生的粉尘，考虑在除尘器排出口加设粉尘运输和压实装置，同时需要一个能够根据粉尘压实情况开闭的阀门，以自动化关闭为最佳方案。通常的做法是引入反馈机制，即当实时测量装置间接或直接地测量到粉尘的量达到某一指标时，反馈给控制阀门开关的设备，进而执行阀门开关操作。但是，这种方案将引入由测量装置、控制器及阀门组成的机电系统，系统明显变得复杂。

通过以上分析，龙门磨床除尘系统设计中的技术矛盾见表 5-8。

表 5-8 龙门磨床除尘系统设计中的技术矛盾

技术矛盾	技术矛盾 1	技术矛盾 2
如果	缩小工作台尺寸	增加阀门与控制装置
那么	减小运动物体的体积（No.7）	提高自动化程度（No.38）
但是	降低操作流程的可操作性（No.33）	增加系统的复杂度（No.36）

注：No.7、No.33、No.38 和 No.36 见表 4-14。

2. 查找 TRIZ 矛盾矩阵表

根据表 5-8 所列技术矛盾的标准工程参数，查阅 TRIZ 矛盾矩阵表，找到发明技巧序号，见表 5-9。这些发明技巧就构成了解决矛盾的可能解的集合。

表 5-9 矛盾矩阵简表

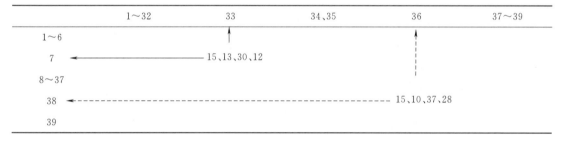

3. 推荐的发明技巧分析

由表 5-9 可知，对于技术矛盾 1，可以采用第 15、13、30、12 条发明技巧进行求解；对于技术矛盾 2，可以采用第 15、10、37、28 条发明技巧进行求解。查询前文中关于这些发明技巧的说明，具体求解方法如下：

#15 一静不如一动（动态化）：①改变物体的性质或外部环境，使其在工作的每一阶段都达到最佳效果；②将物体分成彼此相对移动的几个部分；③使不动的物体成为动的。

#13 倒行逆施（反向作用）：①用相反的作用代替技术条件规定的作用；②使物体或外部介质的活动部分成为不动的，而使不动的成为可动的；③将物体颠倒。

#30 薄如蝉翼（柔性壳体或薄膜）：①利用软壳和薄膜代替一般的结构；②用软壳和薄膜使物体同外部介质隔离。

#12 平起平坐（等势性）：①使一个系统或加工过程的所有点或所有方面处于同一水平，以减少重力做功；②在系统内部建立关联，使系统可以支持等势状态；③建立连续或完全互联的组合及关系。

#10 未雨绸缪（预先作用）：①预先完成要求的作用（整个的或部分的），如加工成半成品；②预先将物体安放妥当，使它们能在所需地点立即完成所需要的作用。

#37 热胀冷缩（热膨胀）：①利用材料的热膨胀（或热收缩）性质；②利用一些热胀系数不同的材料。

#28 李代桃僵（机械系统替代）：①用光学、声学等系统代替机械系统；②用电场、磁场和电磁场同物体相互作用；③由恒定场变为不定场，由时间固定的场变为时间变化的场，由无结构的场变为有一定结构的场；④利用铁磁颗粒组成的场。

4. 发明技巧应用

根据推荐的发明技巧，对前面存在的技术矛盾进行求解，实现设计要求。对于技术矛盾1，比较分析4条发明技巧，选择"一静不如一动"或"倒行逆施"两条技巧实施，使龙门磨床上原本来回移动的工作台固定，而使加工时原本固定的砂轮来回运动。这样，工作台的长度将减小一半，从而减小了机床的体积，使密闭空间搭建和除尘作业变得容易。

同样的，对于技术矛盾2，比较分析4条发明技巧，选择"未雨绸缪"技巧实施。即阀门预先关闭，只有当粉尘的数量达到一定程度，对排灰口结构的压力达到一定程度时，粉尘才能够被排出，可以通过安装弹簧来实现预先关闭阀门的力。图5-51所示为粉尘运输及压实装置结构示意图，图5-52所示为自动开闭阀门结构示意图（位于图5-51中的B位置）。阀门上的弹簧可提供关闭的力，同时弹簧力也充当排灰时的阻力。阀门为阻力可调结构，可以通过调节阀门阻力来调整粉尘压实压力的大小。

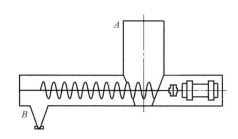

图 5-51 粉尘运输及压实装置结构示意图

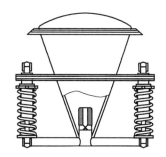

图 5-52 自动开闭阀门结构示意图

5.4.4 分离原理

解决物理矛盾的核心思想是实现矛盾双方的分离，物理矛盾的解决方法一直是TRIZ研究的重点内容。阿奇舒勒等人先后提出了多种解决方法。现代TRIZ在总结物理矛盾各种解决方法的基础上，提出分离原理来解决物理矛盾。

TRIZ有四大分离原理：空间分离、时间分离、条件分离和系统级别分离，每种分离原理对应一系列求解问题的发明技巧，见表5-10。

表 5-10 分离原理与发明技巧对照表

分离原理	对应的发明技巧
空间分离原理	1、2、3、4、7、13、17、24、26、30
时间分离原理	9、10、11、15、16、18、19、20、21、29、34、37
条件分离原理	1、7、23、27、5、22、33、6、8、14、25、35、13
系统级别分离原理	12、28、31、32、35、36、38、39、40

1. 空间分离原理

矛盾双方在不同的空间上分离，即在空间上分离物体，使得物体的一部分表现为一种特性，而另一部分则表现为另一种特性。可以使用表 5-10 中对应的发明技巧进行空间分离。

使用条件：对以上两个空间段是否交叉进行判断，即如果两个空间段不交叉，则可以应用空间分离；否则，不可以应用空间分离。

案例：人们希望高速公路越宽越好，以便于更多汽车通行，但高速公路太宽会占用很多耕地，而土地资源是有限的，这样就对高速公路提出了既宽又窄的矛盾要求。解决方法之一就是架设高架桥，汽车在宽敞的高架公路上通行，不会占用很多土地，这样农作物与汽车处于不同的空间，相互不影响，如图 5-53 所示。

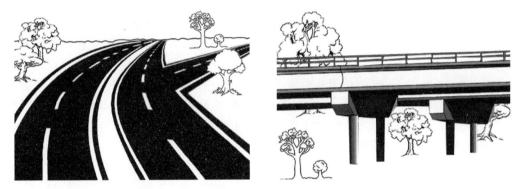

图 5-53　高速公路

2. 时间分离原理

矛盾双方在不同的时间段上分离，即物体在某一时间段表现为一种特性，而在另一时间段则表现为另一种特性。可以使用表 5-10 中对应的发明技巧进行时间分离。

使用条件：对以上两个时间段是否交叉进行判断，如果两个时间段的冲突不趋向同一个方向变化，则可以应用时间分离；否则，不可以应用时间分离。

案例：为了使无人机在飞行时升力足够大，希望桨叶要足够大，而在存放和携带时则希望桨叶要足够小，这就面临着希望无人机既大又小的矛盾。由于这个矛盾发生在飞行和携带两个不同的时间段，故可以采用时间分离原理，设计成折叠式无人机，这样在飞行时展开桨叶及其支架，而在携带时则收起桨叶及其支架，飞机体积就很小了，如图 5-54 所示。

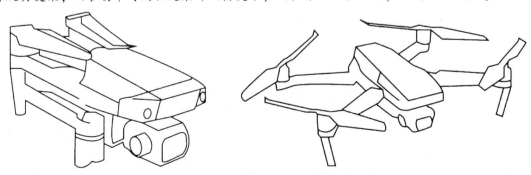

图 5-54　折叠无人机

3. 条件分离原理

矛盾双方在不同的条件下分离，即物体在特定的条件下表现为某一特性，在另一种条件下则表现为另一种特性。可以使用表 5-10 中对应的发明技巧进行条件分离。

使用条件：对以上两种条件下是否交叉进行判断。换言之，当系统或关键子系统的矛盾双方在某一条件下只出现一方时，则可以应用基于条件的分离原理；否则，不可以应用条件分离原理。

案例：人们希望汽车能够高速行驶，以便快速到达目的地；也希望能够低速行驶，以保证安全，这就产生了对汽车既快又慢的矛盾要求。这个矛盾能够在改变速度的条件下得到解决，故可利用条件分离原理求解，即在汽车传动系统中安装变速器，当需要增速或减速时，操作汽车档位就可以了，如图 5-55 所示。

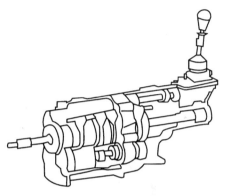

图 5-55 变速器

4. 系统级别分离原理

矛盾双方在不同的系统级别下分离，即物体在子级别表现出某一特性，在高级别则表现出另一特性。可以使用表 5-10 中对应的发明技巧进行系统级别分离。

使用条件：对以上不同级别是否交叉进行判断，当两个系统级别不交叉时，可以应用系统级别分离原理；否则，不可以应用系统级别分离原理。

案例：对于自行车链条，人们希望它有足够的刚性，但同时又要具备一定的柔性，这就产生了要求链条既刚又柔的矛盾。这个矛盾可以运用系统级别分离原理来解决。如图 5-56 所示的自行车链条，在局部位置，链节是刚性的；而相对于整条链来说，链节又是柔性的。

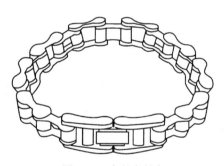

图 5-56 自行车链条

5.4.5 运用分离原理解决物理矛盾

解决物理矛盾的核心思想：利用分离原理，将对同一个对象的某种特性的互斥要求分离开，并分别予以满足。

在面对物理矛盾时，需要确立问题的矛盾双方，选择适用于本问题的分离原理类型，即是从空间角度分离矛盾双方，还是利用不同时间段分离矛盾双方，或者利用其他原理分离矛盾双方，进而结合自身的知识和经验，利用分离原理与发明技巧对应表查找发明技巧，获得一个可行的解决方案。

解决物理矛盾的过程可以分为以下四步：

1）将要研究的问题抽象成物理矛盾的形式，并确定两个相反的特性。

2）确定解决物理矛盾的分离原理。

3）根据分离原理选择相应的发明技巧，得到解决物理矛盾的一般解。

4）根据实际情况，得出解决特定问题的特殊解，具体流程如图5-57所示。

案例：可变面积方桌设计。

（1）描述具体问题　目前市场上大多数桌子的面积都是固定不变的，无法满足有时需要增加面积的要求。有的桌子虽然可以改变面积，但是增加的面积却很小，同时在增加桌面的面积时，桌子的轮廓还发生了改变。

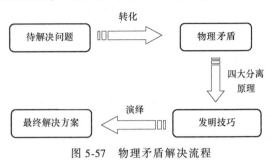

图 5-57　物理矛盾解决流程

（2）定义物理矛盾　选择面积参数，按照表4-17的形式分析物理矛盾（此处略），这里面临的物理矛盾是既希望桌子的面子大，又希望桌子的面积小。

（3）选择发明技巧　根据问题描述，选择条件分离原理最合适。查找分离原理与发明技巧对应表，在应用条件分离原理求解时可以利用的13条发明技巧分别为1（化整为零）、7（层出不穷）、25（自动自发）、27（鱼目混珠）、5（珠联璧合）、22（修旧利废）、33（物以类聚）、6（一应俱全）、8（分庭抗礼）、14（毁方投圆）、35（随机应变）、13（倒行逆施）。

（4）获得解决方案　这里选择发明技巧"珠联璧合"，把相邻物体的操作联合起来，受其启发，可以增加机构，使桌子可以进行整体的联动操作。在不同状态下，桌面由不同的组件构成。

桌子存在两种状态。第一种是小面积状态，如图5-58a所示。构成桌面的组件分别位于3个层级：最顶层是4块面积一致的矩形板，中间层是4块尺寸一致的楔形板，最底层是多边形板。此时，只有最顶层的4块矩形板组合形成桌面。

第二种状态是大面积状态，如图5-58b所示。此时在上一状态中位于中间层的楔形板朝4个方向向外伸展，同时位于底层的多边形板和位于最顶层的矩形板分别上移和下移，这样所有可构成桌面的组件同时处于一个水平面上，构成了大面积桌面。

将桌子设计成多层结构后，桌子面积就是可变的，同时桌子形状不会发生改变。

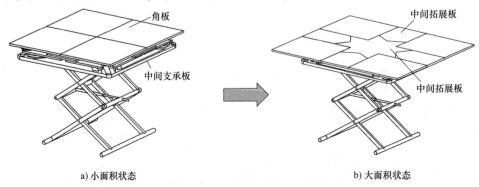

a）小面积状态　　　　　　　　　　　b）大面积状态

图 5-58　桌子变形示意图

5.5 一般解与标准解

问题与思考

什么是一般解？一般解如何使用？什么是标准解？标准解如何使用？

对于功能不足问题，在问题分析时建立了物场模型（或物质-场模型）。物场模型共有四类，其中有效的完整物场模型是设计者追求的结果，不需要进行改进。其他三种是不完整模型（缺失模型）、效应不足模型（不充足模型）和有害效应模型，它们都没有达到系统所需要的功能。TRIZ中提出了6种一般解法和76种标准解法，来求解这三种模型。

5.5.1 一般解

一般解法是针对不完整模型、效应不足模型和有害效应模型的简易求解方法，包括6种解法，见表5-11。

表 5-11 物场分析的一般解法

一般解法编号	存在的问题	具体解决措施
1	缺失模型	补全缺失的元素(场、物质)，使模型完整
2	有害效应模型	加入第三种物质，阻止有害作用
3		引入第二个场，抵消有害作用
4	效应不足模型（不充足模型）	引入第二个场，增强有用的效应
5		引入第二个场和第三个物质，增强有用的效应
6		引入第二个场或第二个场和第三个物质，代替原有场或原有场和物质

1. 一般解法 1

针对不完整模型，根据所缺失的元素，增加场 F 或工具 S_2 或作用对象（工件）S_1，使其形成有效的完整模型。模型转换过程如图 5-59 所示。

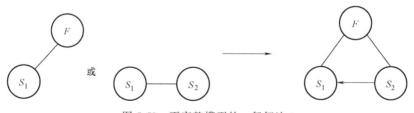

图 5-59 不完整模型的一般解法 1

案例： 机械手电磁抓取。

为使用机械手抓取物体，需要引入末端执行器。常见的抓取装置有气动夹具、真空吸盘和机械夹具等。假设待抓取的物体是一些电磁铁可以吸附的特定零件，则可以使用电磁铁抓取。电磁铁抓取的方式稳定可靠，吸附力极强，结构也非常简单。在未引入末端执行器时，为不完整模型，当引入电磁铁和电场时（通电带磁），模型转换为完整模型，如图5-60所示。使用电磁抓取的机械手如图5-61所示。

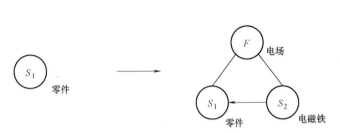

图 5-60　电磁抓取物场模型　　　　　图 5-61　使用电磁抓取的机械手

2. 一般解法 2

针对有害效应模型，引入第三种物质 S_3，而且这种物质是原有两种物质之一的变种。模型转换过程如图 5-62 所示。

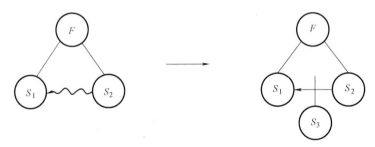

图 5-62　有害效应模型的一般解法 2

案例：飞控减振器。

无人机飞控是指能够稳定无人机飞行姿态，并能控制无人机自主或半自主飞行的控制系统，是无人机的大脑。飞控一般内置多种传感器，如陀螺仪、加速度计和地磁传感器等，且通常安装在无人机的机体中心位置。如果飞控和机体采用刚性连接，由于无人机飞行时机体的高频振动，会影响传感器的测量精度，从而导致不能准确获得无人机的状态。因此，工程师们引入一种减振器，减振器的一端固定在无人机机架上，另一端安装着飞控。减振器的使用巧妙地解决了飞控上传感器的测量精度问题。图 5-63 所示为减振器物场模型，图 5-64 所示为飞控和减振器。

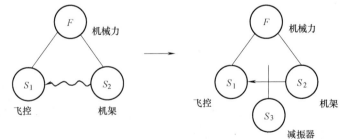

图 5-63　减振器物场模型

3. 一般解法 3

针对有害效应模型，增加另一个场 F_2，用于平衡产生有害效应的场，通常需要评估所

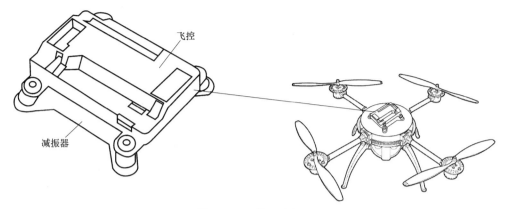

图 5-64 飞控和减振器

需的能量场，如常见的机械场、电场和热场等，以克服原来场的有害效应的场。模型转换过程如图 5-65 所示。

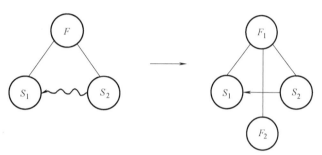

图 5-65 有害效应模型的一般解法 3

案例： 钢筋混凝土中的钢筋预拉伸。

钢筋混凝土中的钢筋承受着混凝土的压力，这种压力是有害的，会导致钢筋失效。如果预先对钢筋进行拉伸，就是给钢筋引入另外一个应力场 F_2 来消除压力场带来的有害作用，其物场模型如图 5-66 所示，预应力混凝土如图 5-67 所示。

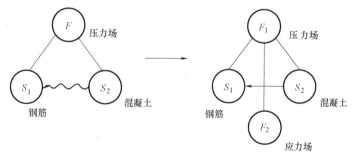

图 5-66 钢筋混凝土物场模型

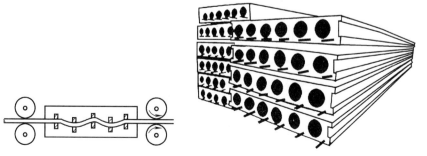

图 5-67 预应力混凝土示意图

4. 一般解法 4

针对效应不足模型，改用新的场 F_2。即采用新的场 F_2 代替原有的场 F，达到所需的效果。模型转换过程如图 5-68 所示。

案例：从蒸汽机到柴油机。

船舶动力装置是各种能量的产生装置，并将能量传递给船上的其他机械与设备，它是船舶的一个重要组成部分，一开始使用的是蒸汽动力装置。

图 5-68　效应不足模型的一般解法 4

蒸汽机动力装置的优点是结构简单，造价低廉，管理、使用方便，制造工艺要求不高；其缺点是本身重量大，热效率低，特别是大功率蒸汽机的活塞缸尺寸过大，不能获得有效的真空度，输出力不够。使用蒸汽机的轮船可视为效应不足模型，使用柴油机的轮船则是理想模型，如图 5-69 所示。这是根据一般解法 4，采用新的场，即利用柴油机的力场代替蒸汽机的力场。图 5-70 所示为轮船的柴油机-螺旋桨系统。

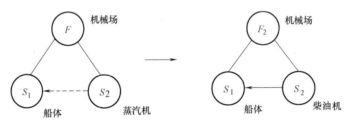

图 5-69　轮船动力系统物场模型

柴油机动力装置的最大优点是热效率高，动力输出大，燃料消耗明显低于蒸汽机动力装置，成为目前应用最广的船舶动力装置之一。

5. 一般解法 5

针对效应不足模型，增加一个新的场 F_2 来增强需要的效果。模型转换过程如图 5-71 所示。

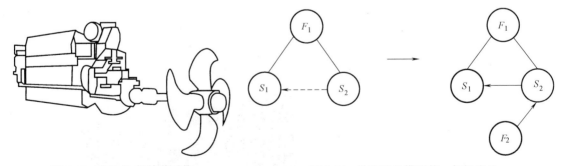

图 5-70　柴油机-螺旋桨系统　　　　图 5-71　效应不足模型的一般解法 5

案例：电袋复合式除尘器。

电除尘器对粉尘的比电阻有一定要求，所以对粉尘有一定的选择性，无法对所有粉尘都达到很高的净化效率，并且受气体温度、湿度等操作条件的影响较大，故使用单一静电除尘器会出现除尘效应不足的问题。

针对这种情况，出现了电袋复合式除尘器，它有机结合了静电除尘和布袋除尘的特点，通过前级电场的预收尘、荷电作用和后级滤袋区过滤除尘，可以充分发挥电除尘器和布袋除尘器各自的除尘优势，以及两者相结合所产生的新的性能优点，弥补了电除尘器和布袋除尘器的除尘缺点，具有效率高、稳定、滤袋阻力小、寿命长、占地面积小等优点。这一除尘器的升级过程的物场模型描述如图5-72所示。电袋复合式除尘器的结构如图5-73所示。

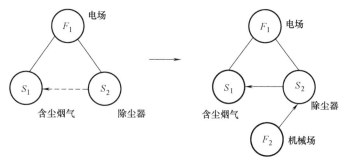

图 5-72　除尘器升级过程物场模型

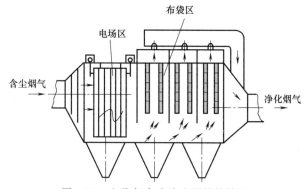

图 5-73　电袋复合式除尘器结构简图

6. 一般解法6

针对效应不足模型，增加新的场 F_2 和物质 S_3 来加强原有的效果。模型转换过程如图5-74所示。

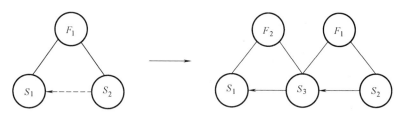

图 5-74　效应不足模型的一般解法6

案例：汽车用高压清洗机。

当汽车表面的污垢沉积时间较长时，用普通洗涤剂和水已很难冲洗掉，如果利用含有表面活性剂的过热水蒸气和高压力场来清洗，使得含有表面活性剂的过热水蒸气在与汽车表面沉积的污垢发生化学反应的同时，还对污垢形成强烈的爆炸冲击，从而将污垢彻底从车体表面清除。物场模型的构建过程如图 5-75 所示。高压清洗机如图 5-76 所示。

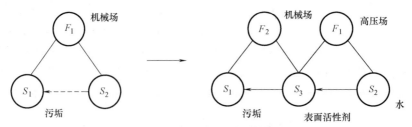

图 5-75　高压清洗机物场模型

图 5-76　高压清洗机

5.5.2　标准解

在 TRIZ 中，把解决不同领域问题的通用解称为"标准解"。TRIZ 理论共总结了 76 个标准解。按照所解决问题的类型，把这 76 个标准解分为五级，见表 5-12。

表 5-12　物场模型的标准解

级别	标准解系统名称	子系统数量
第一级	基本物场模型的标准解 1.1　构建完整的物场模型 1.2　消除或中和有害作用，构建完善的物场模型	13
第二级	增强物场模型的标准解 2.1　向复合物场模型转换 2.2　增强物场模型 2.3　利用频率协调增强物场模型 2.4　引入磁性附加物增强物场模型	23
第三级	向双、多级系统或微观级系统进化的标准解 3.1　向双系统或多系统转换 3.2　向微观级系统转换	6
第四级	测量与检测的标准解 4.1　利用间接的方法 4.2　构建基本完整的和复合的测量物场模型 4.3　增强测量物场模型 4.4　向铁磁场测量模型转换 4.5　测量系统的进化方向	17

（续）

级别	标准解系统名称	子系统数量
第五级	简化与改善策略标准解 5.1 引入物质的方法 5.2 引入场 5.3 利用相变 5.4 利用物理效应或自然现象 5.5 产生物质粒子的更高或更低形式	17

5.5.3 创新发明问题物场模型标准解的求解流程

对于三类不良物场模型，也可以采用下面的四个步骤进行问题的求解。

1. 确定所面对的问题类型

首先要确定所面对的问题属于哪一类问题，是要求对技术系统进行改进，还是对某件物体有测量（或探测）的要求。问题的确定是一个复杂的过程，可以按照以下顺序进行分解：

1）问题工况描述，以图文并茂的方式概述问题状况为最佳。

2）对产品或技术系统的工作过程进行分析，尤其是需要将物流过程表述清楚。

3）组件模型分析，包括系统、子系统、超系统三个层面的组件，确定可用资源。

4）功能结构模型分析，将各个元素之间的相互作用表述清楚，用物场模型的作用符号来表示。

5）确定问题所在的区域和组件，划分出相关元素，作为下一步工作的核心。

2. 对技术系统进行改进

1）建立现有技术系统的物场模型。

2）如果是不完整物场模型，则应用标准解法第一级（S1.1）中的8个标准解。

3）如果是有害效应物场模型，则应用标准解法第一级（S1.2）中的5个标准解。

4）如果是效应不足物场模型，则应用标准解法第二级中的23个标准解和第三级中的6个标准解。

3. 对某个物体进行测量（或探测）

针对效应不足的，需要检测与测量的模型，应用标准解法第四级中的17个标准解。

4. 简化标准解法

在获得了对应的标准解法和解决方案后，应检查模型（实际是技术系统）是否可以应用标准解法第五级中的17个标准解进行简化。整个流程如图5-77所示。

案例1：无人机多传感器融合。

（1）问题描述 为对无人机进行控制，除了需要获取其速度和位置信息外，还需要知道其姿态角。大部分无人机都使用陀螺仪来测量旋转速度，然后对其进行积分获得姿态角。但是，随着时间的推移，积分误差将逐渐积累增大，可能会得到完全错误的结果。应用物场分析方法来分析如何改进无人机的感知系统。

（2）建立物场模型并确定问题的类型 图5-78a所示为无人机感知系统的物场模型。根据无人机感知系统，确定物场模型的元素为陀螺仪（S_2）、机体（S_1）和机械场（F_1）。由前面的描述可知，现有系统不检测积分误差，为效应不足的物场模型。

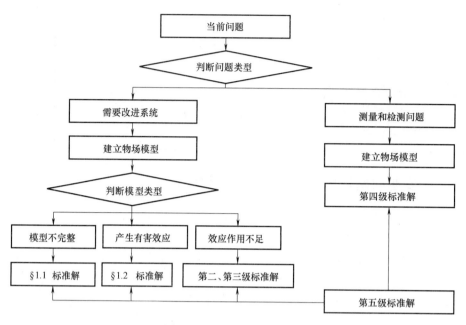

图 5-77　物场分析求解流程

（3）依标准解系统改进　对于效应不足模型，应用标准解法第四级中的标准解58（向双系统和多系统转化）。即当一个测量系统不能满足要求时，应使用两个或更多的测量系统。

例如，为了获得准确的姿态角信息，可以使用加速度计获得姿态角中的仰角和滚转角信息，使用地磁传感器获得偏航角信息，进而对陀螺仪的姿态角进行补偿，获得更准确的测量结果。改进后的物场模型如图 5-78b 所示。

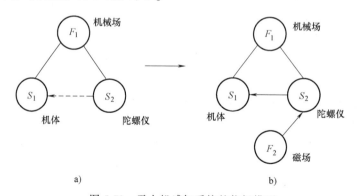

图 5-78　无人机感知系统的物场模型

无人机感知系统示意图如图 5-79 所示。

案例 2：柔性抓取。

（1）问题描述　已有的抓取结构通常是刚性的。刚性抓取具有可靠和精确的特点，但是灵活性不足。采用物场分析方法分析如何改进抓取系统。

（2）建立物场模型并确定问题的类型　图 5-80a 所示为该系统的物场模型。根据多数抓取机械的特点，确定物场模型的元素为夹具 A（S_1）、刚性体 B（S_2）和机械场（F_1）。由此可知, 现有的系统为效应不足的物场模型。

（3）依标准解系统改进 应用标准解法第二级中的标准解 19（向动态性适应性物质场跃迁）。即如果物质场系统中具有刚性、永久性和非弹性元件, 可通过使系统具有更好的柔韧性、适应性、动态性来改善其效果。改进后的物场模型如图 5-80b 所示。

研究人员模仿大象的鼻子设计出一种柔性的抓取机器人, 如图 5-81 所示。

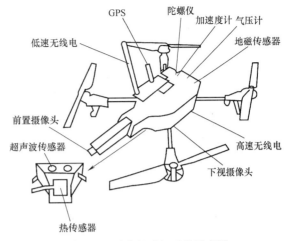

图 5-79 无人机感知系统示意图

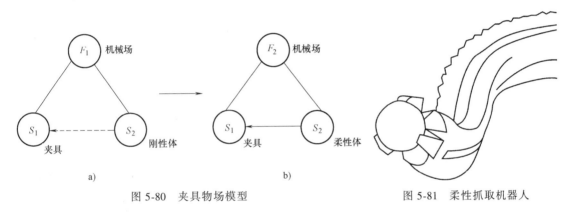

图 5-80 夹具物场模型　　　　图 5-81 柔性抓取机器人

5.6 科学效应库

问题与思考

什么是科学效应？如何查询科学效应？科学效应库如何使用？

5.6.1 科学效应库概述

科学效应是在特定条件下, 在技术系统中实施自然规律的技术结果, 是场（能量）与物质之间的互动结果。科学效应也能看作是一种功能, 它是物质、场或两者的组合, 将输入作用转变为所需的输出作用。通过选择不同的效应、物质参数, 可以控制效应的转换效果。总之, 科学效应是科学原理、现象、定理和定律的集中表现形式和实施的必然结果。科学效应库是将物理效应、化学效应、生物效应和几何效应等集合起来组成的一个知识库。使用科学效应库有利于突破技术人员只熟悉其专业知识的局限性, 发散思维从其他领域寻求问题的解。科学效应和现象的应用, 对解决技术创新问题具有超乎想象的、强有力的帮助和支持。

迄今为止, 研究人员已经总结了大概 10000 个科学效应, 但常用的只有 1400 多个。工程技术人员在创新的过程中，常常需要应用各个领域的知识来确定创新方案，对科学效应的有效利用，提高了创新设计的效率。但是，对于普通技术人员而言，由于其自身的精力与知识面有限，认识并掌握各个工程领域的效应是相当困难的。故 TRIZ 将科学效应作为专门的问题解决工具加以研究，对高难度的问题和所要实现的功能进行了总结和归纳，发现并总结出创新和解决发明问题时经常遇到的、需要实现的 30 种功能（表 4-21）以及需要用到的 100 个科学效应和现象。

5.6.2　常用的科学效应

TRIZ 中给出了 100 个解决 How to 模型的科学效应，这里仅介绍几种常用的科学效应。

1. 爆炸

爆炸是某些物质系统在发生迅速的物理变化或化学反应时，系统本身的能量借助于气体的急剧膨胀而转化为对周围介质做的机械功，同时伴随有强烈放热、发光和声响的效应。由于急剧的化学反应在被限制的环境内导致气体剧烈膨胀，剧烈膨胀的气体使密闭环境的外壁瞬间遭到破坏，造成爆炸。

实际应用：开发矿洞，拆除建筑，掘进地道，修整和开挖隧道，在山体中或混凝土构件中拉开裂缝爆炸焊接等，如图 5-82 和图 5-83 所示。

图 5-82　开挖隧道

图 5-83　爆炸焊接

2. 磁性材料

磁性材料主要是指由过渡元素铁、钴、镍及其合金等组成的能够直接或间接产生磁性的物质。

实际应用：可用于电声、电信、电表、电机中，还可用作记忆元件、微波元件等，如记录语言、音乐、图像信息的磁带，计算机的磁性存储设备，乘客乘车的凭证和结算票价的磁性卡等，如图 5-84 和图 5-85 所示。

图 5-84　磁性卡

图 5-85　磁悬浮列车

3. 共振

系统受外界激励做强迫振动时，若外界激励的频率接近系统的频率，则强迫振动的振幅可能达到非常大的值，这种现象叫共振。

实际应用：制造超声工具、机械仪器和装置；利用原子、分子共振制造各种光源（如荧光灯、激光）、电子表、原子钟、核磁共振设备（图 5-86）等。20 世纪中叶，一队士兵列队走在法国里昂市附近一座长 102m 的桥上，由于士兵步伐频率与桥的固有频率相近，引起桥梁共振，振幅超过桥身的安全限度，而造成桥塌人亡事故，如图 5-87 所示。

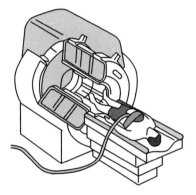

图 5-86　核磁共振设备

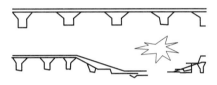

图 5-87　桥因共振倒塌

4. 压电效应

压电效应是指某些电介质在一定方向上受到外力作用而发生变形时，其内部会产生极化现象，同时在它的两个相对表面上将出现正、负相反的电荷，而当外力去掉后，它又会恢复到不带电的状态，如图 5-88 所示。

实际应用：可用于压电聚合物换能器、传感器和驱动器，以及超声电机、压电打火机及燃气灶点火器、炮弹触发信号。

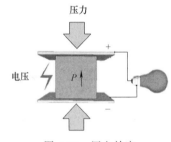

图 5-88　压电效应

5. 折射

波在传播过程中由一种介质进入另一种介质时，传播方向发生偏折的现象称为波的折射。

实际应用：池水看起来变浅、吸管在水中"折断"、三棱镜折射（图 5-89）、瞄准鱼的下方才能叉到鱼（图 5-90）、海市蜃楼等。

图 5-89　三棱镜折射

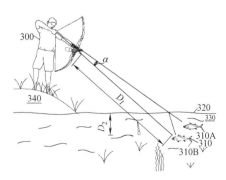

图 5-90　瞄准鱼的下方才能叉到鱼

6. 电磁感应

电磁感应是指闭合电路的一部分导体在磁场中做切割磁感线的运动时，导体中就会产生电流，如图 5-91 所示。

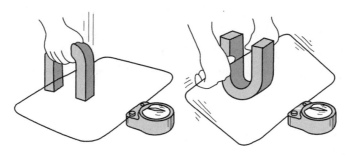

图 5-91　电磁感应

实际应用：发电机、感应马达、电磁炉、动圈式话筒、变压器等。

7. 放电

放电就是使带电的物体不带电。放电并不是消灭了电荷，而是引起了电荷的转移，正、负电荷抵消，使物体不显电性。放电的方法主要有接地放电、尖端放电、火花放电、中和放电等。大自然中的闪电也属于放电现象（图 5-92）。

实际应用：荧光灯的辉光启动器（图 5-93）；金属加工、等离子体表面处理；静电复印、静电喷涂、电气集尘、闪电的产生等。

图 5-92　放电现象

图 5-93　辉光启动器

8. 光谱

光谱是复色光经过色散系统（如棱镜、光栅）分光后，被色散开的单色光按波长（或频率）大小而依次排列的图案，全称为光学频谱。例如，太阳光经过三棱镜后会形成按红、橙、黄、绿、蓝、青蓝、紫顺序连续分布的彩色光谱（图 5-94）。

实际应用：环境污染物的检测；材料成分的检测；生物组织机能和结构的定量分析；燃烧诊断等。

9. 伯努利效应

伯努利效应表征了流体的压强与流速的关系：流体的流速越大，压强越小；流体的流速越小，压强越大。

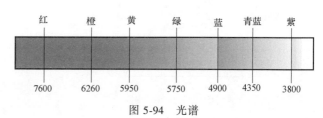

图 5-94　光谱

实际应用：飞机机翼，如图 5-95 所示；喷雾器、汽油发动机的化油器；足球赛中的香蕉球（弧线球），如图 5-96 所示。

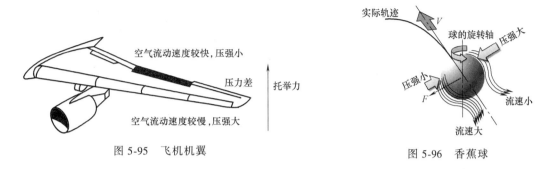

图 5-95　飞机机翼

图 5-96　香蕉球

10. 电弧

电弧是一种气体放电现象，是电流通过某些绝缘介质（如空气）所产生的瞬间火花。

实际应用：整流器、电弧加热器、电弧等离子体气炬、电弧焊接（图 5-97）、电弧炉（图 5-98）；还可作为强光源（如弧光灯）、紫外线光源（如太阳灯）或强热源。

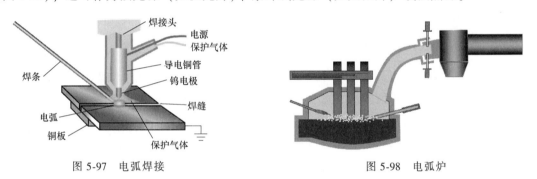

图 5-97　电弧焊接

图 5-98　电弧炉

11. 浮力

浮力是指浸在液体或气体里的物体受到的液体或气体对其施加的竖直向上的托举力。

实际应用：热气球（图 5-99）、船、飞艇、密度计（图 5-100）等。

图 5-99　热气球

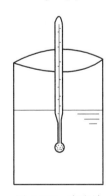

图 5-100　密度计

12. 吸附

吸附是指当流体与吸附剂固体接触时，流体中某一组分或多个组分在固体表面处产生积聚的现象，分为物理吸附、化学吸附和交换吸附三种类型。

实际应用：活性炭（图 5-101）、水膜（图 5-102）、硅胶、活性氧化铝、分子筛等。

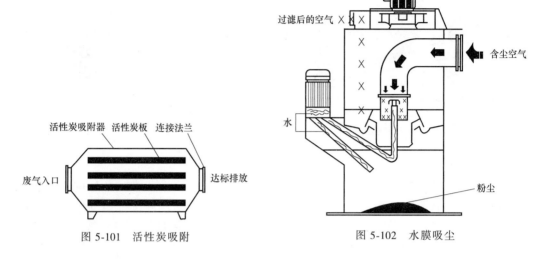

图 5-101　活性炭吸附　　　　　　　图 5-102　水膜吸尘

5.6.3　科学效应库求解流程及实例

在解决"怎么做"问题的过程中，往往需要应用多个不同专业的知识，如各种各样的物理效应、化学效应或几何效应，以及这些效应的某些方面。对于"怎么做"的问题，可借助科学效应库，通过以下步骤求解：

（1）明确问题　首先对问题进行分析，确定需要解决的问题。

（2）确定功能　根据所要解决的问题，定义并确定 How to 模型（实现的功能）。

（3）查找功能代码　根据功能表确定与 How to 模型相对应的代码。

（4）查询科学效应库　查找此功能代码下所推荐的科学效应和现象，分析查询到的每个科学效应和现象，优选适合解决本问题的效应。

（5）形成最终解决方案　查找优选科学效应和现象的详细解释，将科学效应和现象应用于功能实现，并验证方案的可行性，形成最终解决方案。如果问题还没能得到解决或功能无法实现，则需重新分析问题或查找合适的效应。

案例：四足机器人设计。

四足机器人对复杂地形的适应性相对其他结构的机器人要强，而小型四足机器人可控制的自由度要比大型四足机器人少得多。所以小型机器人在行走时机体振动较大，不够顺畅。

（1）明确问题　小型四足机器人的腿部不够灵活，不能适应奔跑时的冲击。如果增加机器人的关节，则会给结构设计和整机制造带来困难。

（2）确定功能　使用简单的方式控制四足机器人腿部各关节的运动，可确定功能（How to 模型）为控制物体位移。

（3）查找功能代码　查表 4-19，控制物体位移的代码为 F06。

（4）查询科学效应库　F06 下推荐的科学效应有磁力、电子力、压强、浮力、液体动力、振动、惯性力、热膨胀、热双金属。逐一分析这些效应，选取振动（E98）作为解决原理。

（5）形成最终解决方案　应用弹簧的振动性能，使四足机器人的腿部具有缓冲性能，在奔跑时步态更加平稳。图 5-103 所示为一种脚部使用弹簧的小型四足机器人。

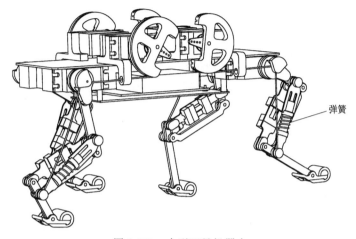

弹簧

图 5-103　小型四足机器人

5.7　技术进化方法

问题与思考

产品进化过程是怎样的？技术系统的进化存在哪些规律？S 曲线可以分为哪几段？各段有哪些特征？S 曲线与八大技术进化法则之间有什么关联？S 曲线有哪些应用？

技术系统的进化并非随机的，而是遵循一定的客观进化模式。所有技术都是向"最终理想解"进化的，可以在过去的发明中发现系统进化模式，并可以将其应用于其他系统的开发。

技术系统进化理论是 TRIZ 的核心内容之一，是指实现系统功能的技术从低级向高级变化的过程。技术系统进化是客观进行着的，每解决一次技术矛盾，就意味着技术系统发生了进化与发展。这里将介绍技术系统进化的规律，包括八大进化法则和 S 曲线及其应用流程，并应用技术进化规律解决创新发明问题。

5.7.1　产品进化过程

研究不同时期的同一产品，如汽车、自行车、车床、计算机等，会发现这些产品今天的实现形式与其刚诞生时相比已有很大的或根本性的变化，但这些产品的主要功能并没有发生变化，如汽车与自行车的主要功能是"运送货物与人"，车床的主要功能是"加工零件"。人类需求的质量、数量及对产品实现形式的不断变化，迫使企业不得不根据需求变化及其实现的可能，增加产品的辅助功能，改变其实现形式。从历史的观点看，产品一直处于进化之中。

就具体的技术系统而言，技术人员对某个或某些子系统进行改进和完善之后，将使整个系统的性能得到提高。这个性能不断提高的过程就是技术系统进化的过程。下面以时钟为例，说明产品的进化过程，如图 5-104 所示。第一种有历史记载的时钟是在公元前 1300 年由埃及人发明的。当时，人们使用带有一个三角形指针和刻度盘的日晷来计算时间，指针阴影的位置即是此刻的时间。但日晷比较笨重，而且在阴天和夜晚不能使用。

公元前 325 年，水钟出现了，它通过滴落的水滴来记录时间，即利用水流的流量计时，弥补了日晷受天气因素影响的不足。

14 世纪，沙漏被用于记录时间，它利用沙流的流量计时。

1500 年，由弹簧提供动力的钟被发明出来，其存在的一个主要问题是在弹簧逐渐恢复时，如何使时钟指针行走速度保持恒定。

1656 年摆钟被发明出来。摆钟在一定程度上提高了准确性，但为了保持时间记录的准确性，摆钟只能静止地固定在一处。

1972 年电子时钟被发明出来。与传统的机械钟相比，电子时钟具有走时准确稳定、显示直观及携带方便等优点。

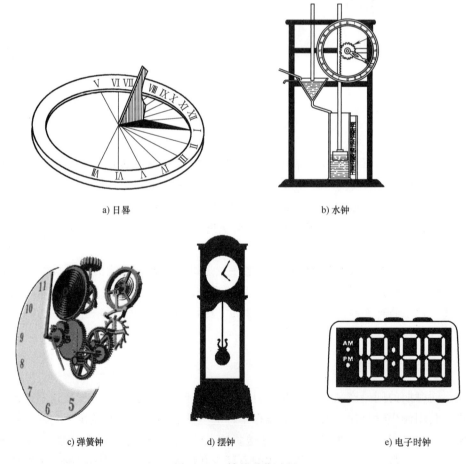

a) 日晷   b) 水钟

c) 弹簧钟   d) 摆钟   e) 电子时钟

图 5-104 钟的进化过程

时钟的进化与逐渐出现或完善的核心技术是分不开的。例如，重力摆的发明促使了机械摆钟的出现、电路电子技术的发展导致了电子钟的发明等。产品进化实际上是产品核心技术从低级向高级变化的过程。对于一种核心技术，产品应不断地对其子系统或部件进行改进，以提高其性能。如果没有引入新的技术或技术的新组合，技术系统将停留在当前的技术水平上，而新技术的引入将推动技术系统的进化。

技术系统的进化是存在规律的。阿奇舒勒通过研究发现，任何系统或产品都在不断进化，同一代产品进化分为婴儿期、成长期、成熟期和衰退期四个阶段，这四个阶段可用生物进化中的 S 曲线表示，如图 5-105 所示。其中横轴代表时间；纵轴代表技术系统的某个重要性能参数，如对于时钟系统，准确性、稳定性等是其重要性能参数，性能参数随时间的延续呈现 S 形曲线。

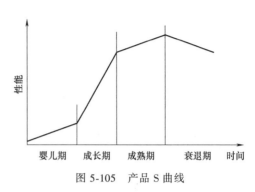

图 5-105　产品 S 曲线

5.7.2　技术系统进化法则

技术系统是在不断发展变化的，产品及其技术的发展总是遵循着一定的客观规律，而且同一条规律往往可以在不同产品或技术领域被反复应用。TRIZ 总结了八大进化法则，用成语描述为样样俱全、青鸟传信、相得益彰、心满意得、随心所欲、先来后到、娇小玲珑、独当一面。

1. 法则 1：样样俱全（完备性法则）

如图 5-106 所示，完备的技术系统包括动力装置、传动装置、执行装置和控制装置，即技术系统向样样俱全的方向进化。这个法则的启示：①当技术系统中这些部分不齐全时，补全是一个改进思路，如缺少动力装置，就增加动力装置以形成新产品。例如，自行车增加发动机就进化成摩托车；玩具跑车加上遥控装置就进化成遥控跑车。②技术系统完善的方向是尽可能地减少人的参与，如加工中心可完全自主地加工零件，加工过程中不需要人的参与。

图 5-106　技术系统的组成

案例：中国古代的风筝是人类最古老的飞行器，根据风筝的原理可以判断出这一系统的四要素。在经过人类社会漫长的发展后，由风筝已经进化出有人及无人驾驶的飞机、飞艇和航天火箭等先进飞行器。一些先进的无人机还具备自动规划路线的功能。在风筝向无人机进化的过程中，四要素逐渐进化，减少了人的参与，如图 5-107 所示。

2. 法则 2：青鸟传信（能量传递法则）

技术系统的能量能够从能量源流向技术系统的所有元件。如果技术系统中的能量传输不通畅，就会导致技术系统不能正常工作。能量传递可以通过物质媒介（如带、链条、轴、齿轮等），也可以通过场媒介（如磁场、电场、引力场、化学场等）或物场媒介（如带电粒子流等）来实现。这个法则的启示：①保证能量可以从能量源流向系统中的所有元件；②简

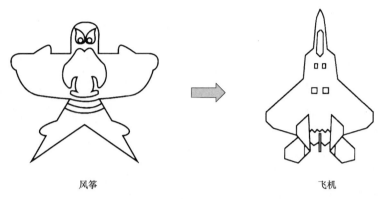

风筝　　　　　　　　　　　　　飞机

图 5-107　风筝向飞行器进化

化能量的传递路径，缩短能量传递路径；③减少能量形式的转换，尽量利用一种能量形式。

在设计和改进系统时，首先应确保能量可以流向系统的各个元件；然后通过缩短能量传递路径（如用转动代替直线运动），来提高能量的传递效率；或减少能量形式的转换，提高能量利用率。

案例：使用图 5-108a 所示的手摇泵时，必须大幅度地往复摆动摇杆。而先进的泵（图 5-108b）则利用齿轮或叶轮等部件的旋转运动代替了摇杆的往复摆动，使系统的能量传递路径缩短，损失减少，同时还提高了工作效率。

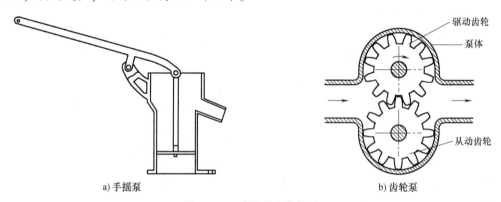

a) 手摇泵　　　　　　　　　　　　　b) 齿轮泵

图 5-108　手摇泵和齿轮泵

3. 法则 3：相得益彰（协调性法则）

技术系统向着各子系统相互协调、与超系统相互协调的方向发展，需要各子系统之间、各参数之间、系统各参数与超系统各参数之间相得益彰，这样才能完成所需的功能。

协调性法则的启示：①技术系统在结构（几何尺寸、质量、形状等）上应协调；②技术系统的各性能参数（载荷、功率、电压、电流等）应协调，如车辆发动机的功率、车体结构参数应与载重量一致；③技术系统的执行动作之间应协调（各动作的先后顺序、各动作的速度等）。

案例：

1）图 5-109a 所示大型车辆的后轮要承受大的载荷，于是设计成并排两个车轮；前轮转向要求灵活，就只有一个车轮，这样保证了结构的协调性。

2）图 5-109b 所示压力机的进料、夹紧、冲压、出料等动作之间有一个协调的顺序，否则会出现故障或事故。

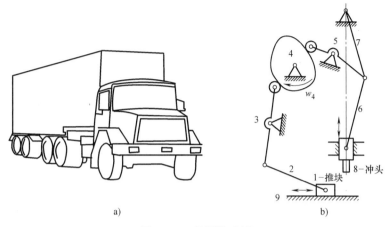

a)   b)

图 5-109　协调性法则

4. 法则 4：心满意得（提高理想度法则）

技术系统朝着提高理想度、达到最理想系统的方向发展，即达到心满意得的目标。理想化是推动系统进化的主要动力，提高理想度为创新问题的解决指明了努力的方向，代表着所有进化法则的最终方向。提高理想度就是提高系统的有用功能，降低系统的有害功能。可以从以下方面提高理想度：

1）提高系统的有用参数，如提高客车的载客量、增加房间的容积等；也包括简化子系统、简化操作、简化组件、例如，计算机的操作由复杂的 DOS 命令操作到简单的图形化操作，就是大幅简化了操作，方便了用户。

2）降低系统的有害参数，如减少空调对环境的污染。

3）在提高有用参数的同时降低有害参数，如提高计算机的性能，同时降低计算机成本。

4）同步提高有用参数与有害参数，但有用参数的提高幅度远大于有害参数的提高幅度，如手机性能提高的同时成本也有所提升，但性能提高的幅度较大。

5）同步降低有用参数与有害参数，但有害参数降低的幅度远大于有用参数降低的幅度，如为了降低汽车尾气的排放污染，导致排气性能也有所下降，但尾气排放污染的降低幅度较大。

案例：

1）如图 5-110 所示，从传统的按键手机到现在的触屏手机，显著地简化了人手的操作步骤。另一方面，还使手机的大屏幕、大分辨率成为可能，提高了系统的有用参数。手机的智能化程度越来越高，新功能层出不穷。但与此同时，手机的厚度却越来越小。这都体现了手机这一产品在朝着提高理想度的方向进化。

2）绿色设计是近几年来的热点，绿色产品越来越得到广大消费群体的青睐。小型汽车、城市公共汽车等产品均朝着应用绿色能源的方向发展，如图 5-111 所示。绿色能源的利用，间接减少了有害气体排放量，降低了系统的有害参数。

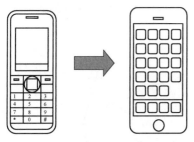

图 5-110 从按键手机到触屏手机

图 5-111 新能源汽车

5. 法则 5：随心所欲（动态性进化法则）

技术系统向着结构柔性、可移动性、可控性好的方向发展，以适应环境状况或执行方式的变化。提升系统的动态性能，可使系统功能更灵活地发挥作用，或作用更为多样化，能够满足用户随心所欲的要求。

案例：

1）美国 F14 战斗机的机翼应用了柔性机构设计，即采用了可变后掠翼方案。可变后掠翼的使用，使该战斗机能够在执行任务时改变其机动性能参数，以适应随时变化的空战环境，如图 5-112 所示。

2）人在拖地时经常需要挪动拖地桶，在拖地桶底部安装轮子就是为了增加其移动性和灵活性，减轻劳动者的负担，如图 5-113 所示。

3）相机抖动会使拍摄出来的图像模糊。如今大部分的单反相机在机身或镜头上增加了光学防抖功能，若使用者开启防抖功能，就能有效地解决因相机振动而造成图像模糊的问题。

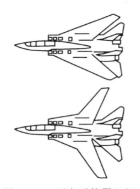

图 5-112 可变后掠翼飞机

图 5-113 带滚轮的拖地桶

6. 法则 6：先来后到（子系统不均衡进化法则）

技术系统的各子系统不是同步、均衡发展的，这种不均衡发展会导致子系统间出现矛盾，解决此矛盾会使整个系统得到突破性发展。技术系统的进化速度取决于系统中进化最慢的子系统。这个法则的启示：改进进化最慢的子系统，就能提高整个系统的性能。

案例：签字笔的子系统包括笔身、笔芯、笔盖，其中笔芯又包括笔液管、笔头体、书写珠等，这些都经历了很长时间的进化，陆续解决了各子系统存在的问题，如笔液流出方式、笔液储存方式、防止书写珠堵塞等。但现在使用签字笔的过程中，笔容易滚落下来，摔在地上，有时会损坏笔头体与书写珠的连接关系，从而导致书写珠堵塞。针对这种情况，可以改变笔盖子系统，如图 5-114 所示，加大笔盖，并在内部装重块，这样就形成一个不倒翁，可减少桌面占用空间，同时由于重块相对较重，又可防止笔摔落在地面上。

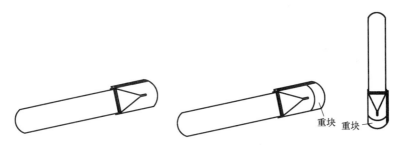

重块　重块

图 5-114 子系统不均衡进化

7. 法则 7：娇小玲珑（向微观级进化法则）

动力装置一开始是蒸汽机这种庞然大物，后来出现了煤气内燃机，到现在的汽油内燃机，体积越来越小，这说明技术系统进化有时是朝着尺寸缩小的方向发展。即技术系统在进化过程中，可能向着减小其元件尺寸的方向发展，倾向于达到原子核基本粒子的尺度。这个法则的启示：①可以把产品做得足够小，以满足特殊需要；②为了减少对空间的占用，可以把产品做成折叠的，以减少不用时占用的地面空间。

案例：

1）通信技术和产品就是向微观方向进化的。在中国古代，人们靠结绳记事、邮驿通信、烽火狼烟和飞鸽传书等方式进行通信，而国外古代则依靠击鼓、灯塔、长跑等方式传递信息。到了近代，有线电报机、电话机和无线电的发明使通信工具变得比以前小而强劲。现代通信工具（如手机、智能手表等）则继续朝着微观方向发展。通信工具的进化过程如图5-115 所示。

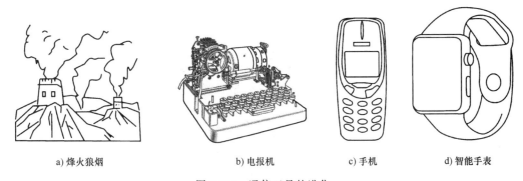

a) 烽火狼烟　　　　　　b) 电报机　　　　　　c) 手机　　　　d) 智能手表

图 5-115 通信工具的进化

2）过去的医疗机器人如神经外科机器人，在结构上与传统的工业机器人相似，体积较大，如图 5-116a 所示为英国的神经外科机器人。而图 5-116b 所示的血管机器人属于微型机器人，能够对与血管有关的疾病进行治疗，如治疗血栓。从工业机器人发展到血管机器人就体现了机器人领域向微观化进化。

8. 法则 8：独当一面（向超系统跃迁法则）

当技术系统进化到极限时，实现其某项功能的子系统会从系统中剥离出来，转移至超系统，作为超系统的一部分。该法则的启示：①技术系统向着单系统到双系统再到多系统的方向进化，如通过集成进行创新；②技术系统通过与超系统组件合并来获得资源，超系统提供

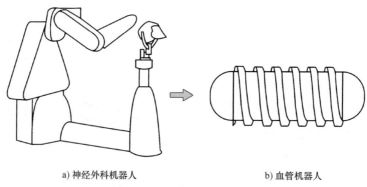

a) 神经外科机器人   b) 血管机器人

图 5-116   医疗机器人的进化

更多的可用资源；③技术系统的可用资源逐渐枯竭后，应寻求新的资源支撑系统继续发展，如通过增加功能或降低成本来提升价值。

案例：现在，人们在旅途中手机如果没电了，可用充电宝来充电，这个充电宝就是原来的手机电池。电池是手机的一个部分，把电池单独处理成一个产品，就是向超系统跃迁的实例，如图 5-117 所示。

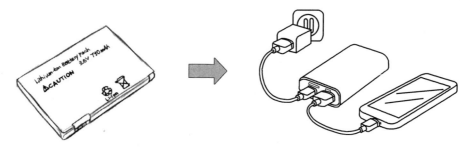

图 5-117   超系统跃迁

5.7.3   S 曲线及其应用

在 TRIZ 中，S 曲线明确地把技术系统（或产品）进化过程分为婴儿期、成长期、成熟期和衰退期四个阶段。由于 S 曲线是根据现有专利数量和发明级别等信息计算出来的，因此它比较客观地反映了技术进化的过程。

TRIZ 从性能参数、专利级别、专利数量、经济收益四个方面来描述技术系统在各个阶段所表现出来的特点，以帮助人们有效了解和判断一个产品或行业所处的阶段，从而制订有效的产品策略和企业发展战略。

根据某项产品的性能参数、现有专利数量和发明级别等实际量化的信息，可以计算并绘制出其 S 曲线。从与 S 曲线对应的专利数量、专利级别和经济收益来看，呈现出图 5-118 所示的发展趋势。

1. 技术系统的婴儿期

对应 S 曲线的第 1 阶段，婴儿期产生的专利数量较少，但专利级别很高，性能的完善非常缓慢，系统在此阶段的经济收益为负。新的技术系统诞生时，一定会以一个高水平的发明结果来呈现。处于婴儿期的系统尽管能够提供新的功能，但明显处于初级阶段，存在效率低、可靠性差的缺点或一些尚未解决的问题。处于此阶段的系统所能获得的人力、物力上的投入是非常有限的，企业应该评估该技术的功能，分析技术转化为产品的主要障碍，在资金充裕的情况下投入资金进行攻关，尽快实现技术产品化，争取尽快推向市场，抢占技术领先优势。

2. 技术系统的成长期

处于第 2 阶段的系统，其性能得到急速提升，此阶段产生的专利级别开始下降，但专利数量明显上升。进入成长期后，技术系统中原来存在的各种问题逐步得到解决，效率和产品可靠性得到较大程度的提升，其价值开始获得社会的广泛认可，发展潜力也开始显现，从而吸引了大量的人

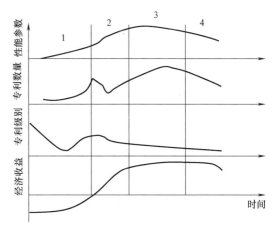

图 5-118　S 曲线对应的专利数量、专利级别和经济收益

力、财力，大量资金的投入会推进技术系统获得高速发展。企业应该不断对产品进行改进，不断推出基于该核心技术的性能更好的产品，到成长期结束要使其主要性能指标达到最优。

3. 技术系统的成熟期

处于第 3 阶段的系统，其性能达到最佳。这时仍会产生大量的专利，但专利级别会更低。这时技术系统已经趋于完善，所进行的大部分工作只是系统的局部改进和完善。此时，企业应该改进工艺、材料和外观，使成本降到最低，应意识到系统将很快进入下一个阶段——衰退期，需要着手布局下一代产品，制订相应的企业发展战略。

4. 技术系统的衰退期

处于第 4 阶段的系统，其性能参数、专利等级、专利数量、经济收益均呈现快速下降的趋势。此时技术系统已达到极限，不会再有新的突破，该系统面临着市场的淘汰。企业应当重点投入资金研发替代技术。

S 曲线与技术系统的八大进化法则指明了技术系统进化的一般规律，是 TRIZ 中解决发明问题的重要指导原则。八大进化法则中，提高理想度法则是核心，是其他法则的基础，其余七条法则是围绕着提高理想度法则进行的。八大进化法则与 S 曲线的关系如图 5-119 所示。

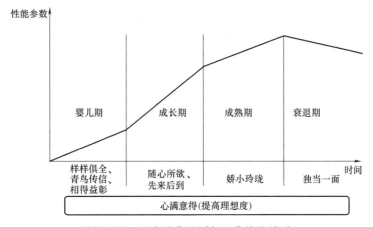

图 5-119　八大进化法则与 S 曲线的关系

从图 5-119 中可以看到：

1）在婴儿期，技术系统主要围绕技术原理实现，可采用样样俱全（完备性法则）、青鸟传信（能量传递法则）、相得益彰（协调性法则）使系统功能得以实现。

2）在成长期，技术系统处于性能优化和产业化阶段，可以采用随心所欲（动态性进化法则）、先来后到（子系统不均衡进化法则），促进技术系统快速完善，得到市场认可。

3）在成熟期，技术系统趋于完善，需要应用向娇小玲珑（微观级进化法则）对局部加以改进。

4）在衰退期，技术系统的性能参数、经济收益已经达到最高并开始下降，需要开始开发新系统，可以采用独当一面（向超系统跃迁法则）使系统更新换代。

5）提高理想度法则贯穿技术系统的全生命周期。

5.7.4　技术进化工具的应用流程及案例

TRIZ 技术进化工具综合应用过程如图 5-120 所示。对于待解决技术系统，根据 S 曲线原理分析其所处的阶段，然后依次应用样样俱全、青鸟传信、相得益彰、随心所欲、心满意得、先来后到、娇小玲珑、独当一面，最后获得建议方案，并结合实际技术系统建立解决方案。技术进化工具应用过程也体现了技术系统由量变到质变的实质，有时只需根据实际情况应用一个或几个技术进化工具即可建立解决方案。

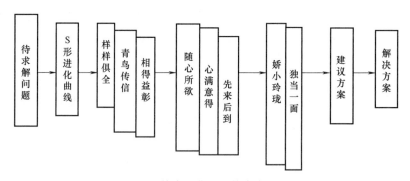

图 5-120　技术进化工具综合应用流程

案例 1： 在使用传统的削皮器对胡萝卜、黄瓜这类果蔬进行削皮时效率比较低，且容易出现过削现象。另外，使用这类削皮器削皮时还容易被刀片割伤。试利用 TRIZ 进化工具对该问题进行求解。

采用随心所欲（动态性进化）法则，将刀片做成柔性的；或者刀片仍保持刚性，但安装刀片的刀架是柔性的。柔性的刀片或刀架可以自动根据待切削果蔬的表面形状进行调节，最大限度地贴合果蔬的表面，提高削皮的效率。同时，柔性的刀片或刀架还可以减少割伤带来的伤害，如图 5-121 所示。

案例 2： 仓鼠是一种很爱运动的宠物，每天都会花上几个小时在鼠笼内的滚轮上奔跑。仓鼠奔跑是新陈代谢需要。仓鼠笼子一般都填装有木屑或纸屑，可以吸收仓鼠的部分代谢物，而在冬天时还能为仓鼠提供保暖功能。试利用 TRIZ 进化工具对鼠笼进行创新设计，使仓鼠的运动成为可利用的资源。

1）应用独当一面（向超系统跃迁）法则，在仓鼠笼子上方安装自动碎纸机，在木屑、

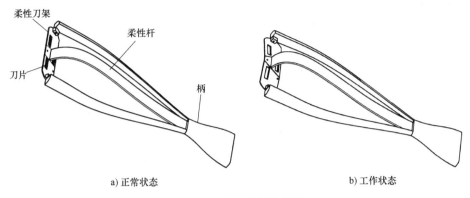

a) 正常状态　　　　　　　　　　　b) 工作状态

图 5-121　削皮器创新设计

纸屑用完，却没来得及购买时，可以直接使用身边的纸张，如打印纸等制造纸屑。仓鼠在滚轮上奔跑时，滚轮的旋转运动通过带轮传递给鼠笼上方碎纸机刀片的旋转运动，以及进给装置的进给运动，就能将纸张切割成纸屑。

2) 利用心满意得（提高理想度）法则，在 1) 的基础上，在鼠笼下方安装一个小型风扇。风扇仍靠滚轮的滚动提供动力，可以通过带轮或齿轮传动。这样，当仓鼠在滚轮上奔跑时，小风扇便开始转动，小风扇对鼠笼底部的纸屑吹风，可以保持笼子内空气流通和干燥，防止天气潮湿时仓鼠的代谢物发酵和发臭。鼠笼的结构如图 5-122 所示。

案例 3：工业机器人是自动化工厂中常见的设备。在某些工位，单个机器人的运动空间仍不能满足需求。通常解决方案是引入多台机器人协同工作。这种做法虽能弥补单个机器人工作空间的不足，但同时也带来了诸如成本增加、多台机器人相互干涉等问题。试利用 TRIZ 进化工具对该问题进行求解。

1) 为了实现工业机器人工作空间的扩大，并尽可能地降低成本，系统应向随心所欲（增加动态性）方向发展。通过安装滑轨和滑台，为工业机器人增加移动性，使其能够到达工位上的任何位置。通过这种方式，只使用一台工业机器人就能满足需求。例如，在汽车喷漆等需要设备做大范围往复运动的情况中应用这种方式。

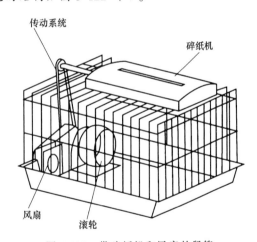

图 5-122　带碎纸机和风扇的鼠笼

2) 为了实现工业机器人的自动加工，根据样样俱全（完备性）法则，增加滑轨动力系统和控制系统。如图 5-123 所示，可以在滑轨和滑台之间安装液压缸系统，以使滑台能够根据控制器的信号自动地相对滑轨运动，而不需借助人力推行。

案例 4：大部分笔记本式计算机的掀盖式屏幕只有一个调节角度的关节，其掀盖角度范围为 0°～150°，常由于受到外部环境的影响而导致不容易调整至适合使用的角度，让使用过程不舒适。而且在昏暗处使用笔记本式计算机或屏幕本身较暗时，大多数使用者都没有调节屏幕亮度来适应昏暗环境的意识，这会对使用者的眼睛造成伤害。试利用 TRIZ 进化工具对该问题进行求解。

1）随心所欲（动态性进化）法则的应用可使系统不断提高自身的动态性和可操作性，以适应不断变化的环境和满足多重需求。根据动态性法则，可以将笔记本式计算机设计成具有两个或两个以上调整关节的结构，扩大屏幕角度的调整范围。着眼于人体工程学的设计，可以让使用者自由调节高度、倾斜度以达到最舒适的角度，如图 5-124 所示。此外，还可以植入智能动态高对比技术，利用内建的智慧型影像处理系统，自动检测输入信号的画面明暗度，动态调整背光模组的亮度。当屏幕过于昏暗或模糊时，使用者不需要手动调节亮度、对比度等图像参数，笔记本式计算机会自动调节至合适的参数。

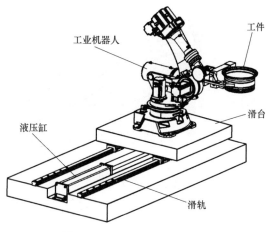

图 5-123　工业机器人和滑轨

2）应用娇小玲珑（向微观级进化）法则。可以为笔记本式计算机配备可穿戴显示设备，这时的显示器与笔记本式计算机主体是分离的，如图 5-125 所示，两者通过无线技术连接。这样，在使用地点没有桌子或不方便放置笔记本式计算机的情况下，只需将显示器戴在头部，不必调节显示器角度，显示器总能以设计好的最佳角度适应人的双眼。

图 5-124　具有多个旋转关节的笔记本式计算机

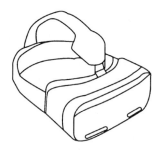

图 5-125　可穿戴显示设备

5.8　去粗取精（裁剪）

问题与思考

为什么要裁剪？裁剪的原则与策略是什么？裁剪如何实施？

5.8.1　裁剪的目的

系统裁剪法指的是通过裁剪系统的某个组件，然后把该组件提供的有用功能重新分配到其他组件及超系统组件上，来改善技术系统的性能。系统裁剪的目的是通过降低技术系统组件的成本来提高理想度。具体来讲，就是精减组件数量，降低系统成本；优化功能结构，合理布局系统架构；体现功能价值，规避竞争对手专利；消除过度、有害、重复功能等，提高系统的理想化程度。

通过裁剪，既消除了该部分产生的有害功能，又降低了成本，同时所执行的有用功能依旧存在。在裁剪前，必须考虑五个问题：①是否需要这个组件所提供的功能；②在系统内部或系统周边，有没有其他组件可以实现该功能；③现有的资源能不能实现该功能；④能不能用更便宜的方法实现该功能；⑤相对于其他组件而言，该组件与其他组件是否存在必要的装配或运动关系。

5.8.2 裁剪原则

裁剪应遵循以下三个原则：

1）通过对具体问题的具体分析或领域经验，选择出需要裁剪掉的组件。

2）提供辅助功能组件的价值小于提供基本功能组件的价值，故可以优先考虑裁剪掉提供辅助功能的组件。

3）如果希望降低技术系统的成本，可以考虑裁剪系统中成本最高的组件；如果希望降低系统的复杂度，则可以考虑裁剪系统中复杂度最高的组件。

5.8.3 裁剪策略

找到希望裁剪的组件 A 后，在裁剪实施时可采取下列策略按顺序进行判断，直至找到适合该系统的裁剪方法。

1）若组件 B 不存在了，组件 B 也就不需要组件 A 的作用，那么组件 A 就可以被裁剪掉，如图 5-126 所示。

2）若组件 B 能自行完成组件 A 的功能，那么组件 A 可以被裁剪掉，其功能由组件 B 自行完成，如图 5-127 所示。

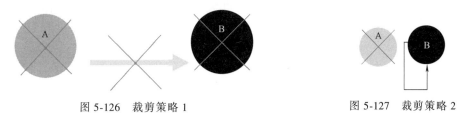

图 5-126　裁剪策略 1　　　　　　　　　　图 5-127　裁剪策略 2

3）若该技术系统或超系统中的其他组件（如组件 C）可以完成组件 A 的功能，那么组件 A 可以被裁剪掉，其功能由其他组件完成，如图 5-128 所示。

4）若技术系统的新添组件可以完成组件 A 的功能，那么组件 A 可以被裁剪掉，其功能由新添组件 D 完成，如图 5-129 所示。

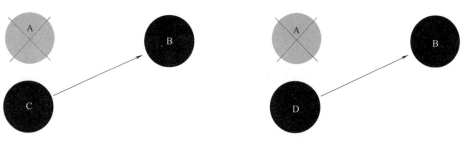

图 5-128　裁剪策略 3　　　　　　　　　　图 5-129　裁剪策略 4

裁剪策略的优先级：1→2→3→4，可以选择多种裁剪方式得到不同的解决方案。

5.8.4 裁剪流程及案例

根据上述介绍的裁剪策略，可以按以下步骤进行系统裁剪：

1）选择功能价值较低、有害、作用不足、作用过度的组件。

2）去掉（或替换）此组件，建立理想化模型。这一步可以按照之前描述的裁剪策略进行，即去掉 B、B 能自行完成 A 的功能、系统中的其他组件（如 C）能完成 A 的功能和新添组件 D 能完成 A 的功能。

3）提出问题，寻找解决方案。

案例：自紧螺旋桨。

（1）选择功能价值较低、有害、作用不足、作用过度的组件 市面上的大多数螺旋桨都是通过和电动机一同出售的螺母固定在电动机上的，需要使用扳手等工具将螺母拧紧才能起动飞行器，否则螺旋桨有脱出导致飞行器坠落并伤害到人的危险。在这个系统中，组件包括螺旋桨、螺母、螺栓、电动机、机架和扳手。其中螺栓用来固定机架上的电动机。

电动机-螺旋桨技术系统结构如图 5-130 所示。经过上面的分析，可以发现螺母是作用不足的组件。

（2）去掉此组件，建立理想化模型 将螺母裁剪掉，此时作用于螺母的扳手也被裁剪掉，如图 5-131 所示。

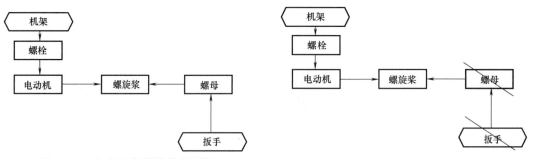

图 5-130　电动机-螺旋桨技术系统　　　　　图 5-131　电动机-螺旋桨技术系统的裁剪

（3）提出问题，寻找解决方案 现在考虑裁剪后的系统能否实现固定螺旋桨的功能。一种简单而有效的方法是将螺旋桨设计成内螺纹结构，并且螺旋桨的旋转方向和拧紧方向相反。根据作用与反作用原理，螺旋桨在旋转时受到空气的反作用力会使其和电动机结合得越来越紧，如图 5-132 所示。

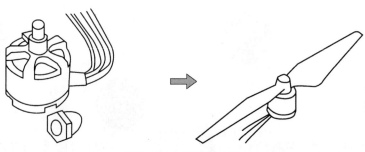

图 5-132　自紧螺旋桨

5.9　异想天开（金鱼法）

问题与思考

如果解决方案中有异想天开的部分怎么办？如何使用金鱼法？

5.9.1　金鱼法及其应用步骤

"异想天开"（金鱼法）是从幻想式的解决构想中区分出现实和幻想的部分，再对幻想部分进行分析，找到幻想实现的条件，并寻求资源来满足这些条件，使幻想变成现实。金鱼法是一个反复迭代的分解过程，其本质是将幻想的、不现实的问题求解构想，集中精力解决幻想部分，找出可行的解决方案。

利用金鱼法求解创新发明问题时，先从众多提议的解决方案中区分现实和幻想方案，对幻想方案寻求资源支持，转换为现实方案，进而找到整个问题的解决方案。如图 5-133 所示，金鱼法通过反复迭代区分现实与幻想，并集中求解幻想部分的问题，直至达到问题求解的目标，其中幻想方案求解可以结合多屏幕法、STC 算子法等获得可利用的资源。

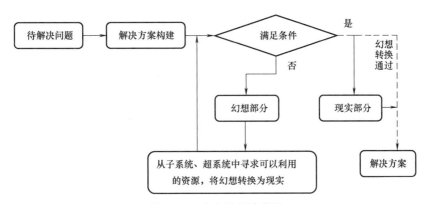

图 5-133　金鱼法解决流程

5.9.2　金鱼法应用案例

案例 1：自动铺砖机的发明。

铺设砖路时，通常需要多名铺路工人和花费大量的时间。如何才能降低工人的劳动强度，提高铺砖效率，摆脱手砌铺路方式，实现快速铺设整齐而耐用的砖路的目的呢？试用金鱼法求解。

用金鱼法分析如下：

1）将问题分为现实和幻想两部分。现实部分：铺路用的砖、少量的工人；不现实部分：不借助人的体力劳动，砖头无法自动铺设整齐，难以实现快速铺路。

2）幻想部分为什么不能实现？实现铺砖，需要连续的拿放动作，而且砖缝需要用细沙填满，砖面需要洒水等；路面有一定的长度和宽度，需要使用大量的砖，意味着需要进行大量重复性工作，花费时间长。

3）什么条件下幻想部分可以变成现实？在利用机器代替人的体力劳动的情况下，可实现自动铺砖。机器如果能同时铺设大量砖块，将大大减少铺设时间。

4）确定系统、超系统和子系统的可用资源。系统：自动铺路机；超系统：地基、人及周围的环境；子系统：轮子、电动机、操作机构等。

5）可能的解决方案构想。

① 事先将砖块黏接成大面积砖块，铺路时再运到现场，由专门的设备整块整块地铺设。

② 设计一种能够自动排列砖块并将其整齐地铺设在路上，而且可以自动将砖缝填满的铺路机。所有动作都有这台机器完成，人只需要进行简单的操作，如图5-134所示。

案例2：简易采摘机器设计。

现代果蔬采摘工作中，为了降低人的劳动强度，提高生产效率，许多发达国家都采用高效率的大型采摘机器进行采摘。但是在国内，仍有许多企业因成本、果园条件等原因的限制，而不能采用大型采摘机器。对于低矮植株，人工采摘能够满足大多数企业的要求。但是对于一些比较高的果树，如苹果树、荔枝树等，人工采摘时需要搬用梯子等工具，不仅效率低下，还容易造成工作时的失误而受伤。试应用金鱼法对采摘方法或工具进行创新设计。

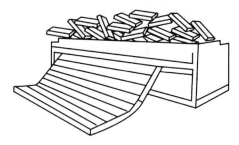

图5-134　自动铺路机

应用金鱼法，根据条件区分上述想法的现实部分和幻想部分。

现实部分：采摘高处的水果时可以使用剪断装置；幻想部分：人没有爬上高处时不能剪断果实的梗，果实不会自动掉进采摘筐中。对于幻想部分，按金鱼法流程寻求解决方案，即先回答一系列问题，再参考超系统、子系统可以利用的资源。

问题1：为什么人不爬上高处，果实自动掉进采摘筐中是不现实的？

答：因为只有人爬上高处并剪断果实的梗，果实没有了支撑，才会在重力的作用下落进采摘筐中。

问题2：在什么条件下人不爬上果树，果实就能掉落？

答：当人们站在地面上也能剪断果树高处的果梗时，果实就能掉落。

回答上述两个问题后，基本就能确定使用可长距离操纵的执行装置就能使高处的果实掉落。接着确定系统、超系统和子系统的可用资源。

系统：长距离操纵剪断装置；超系统：果园、人及周围的环境等；子系统：剪刀、操作机构、传动机构、采摘筐等。

从这些系统中基本可以找到可能的解决方案：发明一种长距离剪断装置，当人们站在地上操作时，就能剪断高处果实的梗。具体实施方式：装置下部为操纵装置，即人手握住的地方；通过人手握紧的动作，将力传递到剪断装置上部；剪断装置上部具有类似剪刀的机构，在接受到下面传递来的力时，能够进行剪断操作；掉落的水果沿着滑道滑进果农背部的采摘筐中。其中一种实现方式如图5-135所示。

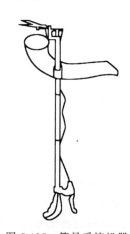

图5-135　简易采摘机器

5.10　各尽所能（小矮人法）

什么是小矮人法？如何使用小矮人法？

5.10.1　小矮人法及其应用步骤

当技术系统中的某些部件不能完成必要的功能和任务，并表现出相互矛盾的作用时，可用多个小矮人分别代表这些部件，通过对执行不同功能的小矮人进行重新组合，对结构进行重新设计，使各部分各尽所能，来实现预期的功能和任务。

应用小矮人法求解创新设计中矛盾问题的思路：首先将当前系统的各个部分想象成一群能活动的小矮人，根据功能要求，对小矮人进行分组、组合，使小矮人能够发挥各自的作用，完成必要的功能，从而构成小矮人模型；然后将小矮人固化成具有某种功能的部件，从而解决创新设计中的矛盾问题，如图 5-136 所示。

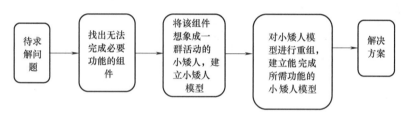

图 5-136　小矮人法求解流程

5.10.2　小矮人法应用案例

案例 1：切菜方式创新。

人们在用刀切菜时，为了能更快、更稳地切，通常是一只手拿刀，另一只手固定菜的位置。这就导致切菜时可能发生切到手指的危险。可以借助小矮人法解决这个矛盾。

应用小矮人法分析如下：

1）用小矮人描述问题，并进行分组：辅助手、被切割物品和刀。用小矮人表示各组成部分：用小矮人"🧍"表示辅助手，用小矮人"🧍"表示被切割物品，用小矮人"🧍"表示刀。为了避免切菜时出现切到手的情况，那么，在小矮人"🧍"和"🧍"接触的同时，还应满足小矮人"🧍"和"🧍"不能相互接触的条件。

2）对小矮人模型进行改造，以达到所需要求。

第一种方法，在小矮人"🧍"和"🧍"之间增加一种小矮人"🧍"，将两者隔离，这样，小矮人"🧍"和"🧍"便不能直接接触。

第二种方法，将小矮人"🧍"移除，这样也可以实现"🧍"和"🧍"不能接触的效果。同时增加小矮人"🧍"，将小矮人"🧍"和"🧍"围住，以确保它们相互接触。

3）将改造后的小矮人模型转化至实际技术方案。

第一种方案，小矮人"🚶"代表可穿戴在手指上的隔板。

第二种方案，小矮人"🚶"代表容器，"🔧"则被设计为旋转刀片，整个系统可以设计为自动绞菜器。如图 5-137 所示，两种方案均有效地避免了切菜时切到手的情况发生。

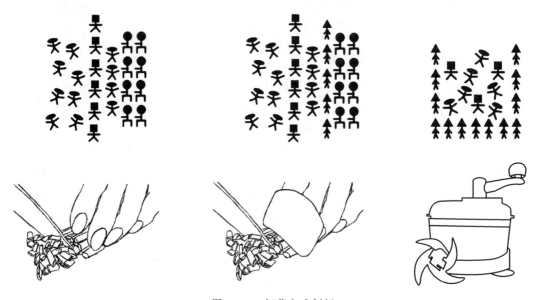

图 5-137　切菜方式创新

案例 2：往复运动机构创新。

在齿轮齿条机构中，齿轮和齿条啮合，齿轮为驱动轮，当齿轮单向转动时，齿条朝一个方向移动。现在想要在齿轮单方向转动的条件下，实现齿条的往复匀速运动，试用小矮人法解决此问题。

（1）用小矮人描述问题　现有齿轮与齿条不能实现设定要求，即齿轮单方向转动，齿条往复运动。用圆头小矮人"🚶"表示齿轮，用三角头小矮人"🚶"表示齿条，初始的小矮人模型如图 5-138a 所示。

（2）对小矮人模型进行改进，以达到所需要求　增加三角头小矮人"🚶"的数量，并改变整体形状，形成一个环形；减少圆头小矮人"🚶"的数量，即把一部分齿去掉，改进后的小矮人模型如图 5-138b 所示，图中两种状态表示齿轮的圆头小矮人"🚶"处于两个不同的位置，齿轮的转向是同一个方向，但环形齿条的运动方向发生了变化。

（3）将改进后的小人模型转化为实际技术方案　在前面改进后的小矮人模型中，只有

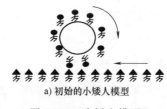

a) 初始的小矮人模型

图 5-138　小矮人模型

b) 改进后的小矮人模型

图 5-138　小矮人模型（续）

部分齿的齿轮做成不完全齿轮，构成环形的齿条做成环形齿条，最后做成如图 5-139 所示的机构。实现了齿轮单向转动、齿条往复运动的目的。

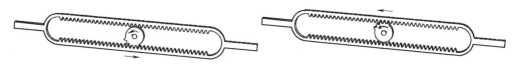

图 5-139　新型齿轮齿条机构

5.11　完美无缺（最终理想解）

问题与思考

什么是完美无缺（最终理想解）？最终理想解如何使用？

5.11.1　最终理想解及其应用步骤

为了避免试错法、头脑风暴法等传统创新方法中思维过于发散、创新效率低下的缺陷，TRIZ 在解决问题之初，首先抛开各种客观限制条件，建立各种理想模型来分析问题解决的可能方向和位置，并将取得最终理想解（Ideal Final Result，IFR）作为终极追求目标，从而避免了传统创新发明方法中缺乏目标的弊端，提高了创新发明的效率。

最终理想解有四个特点：保持了原系统的优点；消除了原系统的不足；没有使系统变得更复杂；没有引入新的缺陷。

对于创新发明问题，首先应明确设计的目的是什么，建立理想解，分析实现理想解的障碍，找到消除这些障碍的方法与资源，最后实现最终理想解，求解流程如图 5-140 所示。

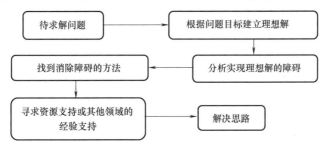

图 5-140　最终理想解求解流程

5.11.2 最终理想解应用案例

案例1：桌椅系统设计。

传统的桌椅在搬运的时候必须分开搬运，而且这类桌椅通常占地面积比较大，在打扫桌底卫生时还要将椅子挪开，十分不方便。试利用最终理想解解决这个问题。

1）设计的最终目的是什么？桌椅搬运方便、打扫方便。

2）IFR是什么？桌椅不需要人搬运就可以移动；桌椅不占用地面面积。

3）达到IFR的障碍是什么？桌椅移动时要借助人力离开地面；桌子、椅子分别占用较大区域，导致打扫困难。

4）如何使障碍消失？桌椅不离开地面就可以移动；桌子和椅子占地面积很小或不占面积。

5）解决方案。将桌椅设计成为一体，并在底部加装轮子，如图5-141所示。

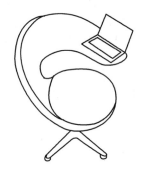

图5-141　桌椅系统的IFR

案例2：共享单车供电方式设计。

共享单车实现分时租赁，是靠它的定位开锁系统，而该系统是需要外部供电的。但共享单车通常没有固定的停放地点，不能为共享单车设置专门的充电站。试利用最终理想解方法求解该问题。

1）设计的最终目的是什么？给共享单车提供电能，使其定位开锁系统能正常工作。

2）理想解是什么？不设置专门的充电站，也能给共享单车的定位开锁系统供电。

3）达到理想解的障碍是什么？共享单车无车载电源，并且定位开锁系统无法自己产生电能。

4）不出现这种障碍的条件是什么？创造这些条件存在的可用资源是什么？充电装置随单车移动，并能够产生电能。可用资源有空气、阳光、车子的动能。

5）解决方案。

方案1：利用阳光资源，在车身上设计太阳能充电系统。当人们在阳光下骑车时，共享单车上的太阳能光伏板捕捉太阳能，将太阳能转化为电能并储存起来，在定位开锁系统工作的时候为其供电。

方案2：利用车子的动能，在车身上安装磁生电系统。在前轮轴上安装一个大齿轮并连接到一个增速系统，从增速系统出来的转动元件上安置有磁块，当自行车前进时前轮转动，使置有磁块的转动元件快速在线圈中运动，使线圈相对运动而不断切割磁场线，产生电能并储存起来。与方案1中利用太阳能的方法对比，方案2不受天气因素影响。

两种方案分别如图5-142所示。

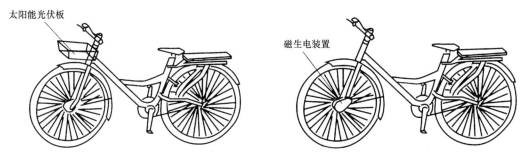

图 5-142　共享单车供电

5.12　问题求解工具选择策略

问题与思考

如何选择问题求解工具？

1. 根据问题类型来选择

根据不同问题求解的性质，如矛盾问题求解、变换问题求解、功能问题求解、资源问题求解、如何做的问题求解，可以采用如下策略：

1）对于矛盾问题，可以采用矛盾求解方法来解决矛盾，或者根据可拓变换的思路来变换求解，或者利用小矮人法求解。

2）对于功能无法实现问题，可以根据物场模型，采用一般解法或标准解法求解。

3）对于怎么做的问题，根据 How to 模型，找到相应的科学效应，利用科学效应求解。

4）需要简化组件时，可根据功能模型，采用裁剪方法求解。

5）对于幻想的问题，采用金鱼法求解。

6）无法识别问题类型时，可尝试先采用技术进化法则，之后再试可拓变换。

2. 根据工具难度来选择

通过初步调研，各种问题求解工具的学习难度见表 5-13。

表 5-13　问题求解工具的难度

问题求解工具	难度	问题求解工具	难度
可拓变换	3.40	去粗取精（裁剪）	3.32
矛盾求解方法	3.70	异想天开（金鱼法）	2.93
物场问题求解方法	3.21	各尽所能（小矮人法）	2.91
不知所措（How to 模型求解）	2.72	完美无缺（最终理想解）	2.86
技术进化方法	3.42		

练一练

1. 请给出置换、增删、扩缩等基本可拓变换的表达式与实例。

2. 试用基本可拓变换（置换、增删、扩缩、分解、复制）对日常用品（如水杯、热水壶、电吹风、电视机、洗衣机等）拓展分析的结果进行变换，建立多种创意。

3. 请给出规则（或准则）、论域（或领域）的变换实例。

4. 请根据生活或工作中遇到的情况，给出积变换、与变换、或变换、逆变换的实例。

5. 请结合生活与专业学习中遇到的情况，给出传导变换的实例。

6. 请比较各可拓变换，列出各自的特点及使用场合。

7. 试列举某种常用文具的功能，并利用拓展分析与可拓变换方法，让该文具具有更多功能，或应用到其他领域，或发现其隐藏的作用。

8. 请用可拓变换的方法说明某个发明技巧。

9. 请结合日常生活中的困难问题，给出某个发明技巧的应用实例。

10. 凸轮传动中常采用弹簧来实现从动件和凸轮轮廓间的压紧，为获得足够的压紧力，弹簧需要有一定的刚度，但当凸轮行程较大时将造成压紧力过大的问题。试根据这个情况定义矛盾，并给出矛盾的标准描述，查询矛盾矩阵，给出创新解决方案。

11. 就专业学习中的技术矛盾定义矛盾，查询矛盾矩阵，分析推荐发明技巧，给出创新解决方案。

12. 针对生活用品中的矛盾问题，挖掘物理矛盾，并选用相应的分离原理，之后根据对应的发明技巧，给出合适的解决方案。

13. 物理矛盾与技术矛盾之间的关系是什么？两者可否相互转换？如何转换？

14. 分离原理有哪些类型？请结合生活用品的创新思路给出每个分离原理的应用案例。

15. 在电梯中手机的信号被屏蔽，无法正常使用。请针对此问题进行物场分析，并给出创新解决方案。

16. 炼钢炉是熔炼钢铁的设备，为了观察炉内的钢液情况，开设了观测口，但炼钢过程中会不时飞溅出一些火星或碎片，容易伤及工人。请建立此问题的物场模型，应用一般解法或标准解法给出解决方案。

17. 风力发电机在风速较高时会受到损伤，因而需要将其叶片的转速限制在一定范围内。请利用物场分析方法，设计一个可变的制动装置。

18. 北方的冬季路面积雪较多，容易造成交通事故，请根据此情况建立物场模型，并选择标准解加以解决。

19. 现有洗衣机的工作原理是采用机械搅动方式（如搅拌式、滚筒式、离心式等），通过搅动的水流冲刷带走衣服上的污物。请采用其他科学效应对洗衣机的工作原理进行创新。

20. 某灯泡厂的灯泡由于内部压力不满足要求而出现质量问题，灯泡内的气体非常少，只有0.1g甚至更少，通过称重的方式无法测量。请利用科学效应库寻求测量灯泡内部压力的方案。

21. 请根据科学效应库方法解决输电线结冰后易被压断的问题。

22. 请从网络上了解机械捕鼠器的工作原理，建立功能模型，采用裁剪方法对该捕鼠器进行创新改进。

23. 请建立自行车的功能模型，采用裁剪方法对自行车进行创新设计。

24. 请在专利网上搜索一个文具用品的专利，建立其功能模型，试进行裁剪，并设计出创新方案。

25. 技术进化法则有哪些？请结合日常用品，给出每个进化法则的应用实例。

26. 应用技术进化法则，给出床（或窗户、防盗门、插座、门锁等）的创新设计方案（6 种方案以上）。

27. 试用技术进化法则预测计算机、报纸等日常用品的发展方向。

28. 试用 S 曲线确定石墨烯、纳米技术、可穿戴技术等新材料或新技术的发展阶段及其未来发展方向。

29. 请用金鱼法分析如何快速地建好一座大桥或高楼。

30. 请用金鱼法解决电风扇叶片容易打伤手的问题。

31. 请自己异想天开一个方案（如悬浮的椅子、会飞的鞋等），然后用金鱼法求解，给出可行的解决方案。

32. 请用小矮人法解决插座如何实现无限扩展的问题。

33. 请用小矮人法解决手机如何防摔的问题。

34. 请用小矮人法对日常用品（如沙发、课桌、衣柜等）进行创新设计。

35. 试利用可拓变换描述各技术进化发展。

36. 请尝试用可拓变换实现金鱼法、小矮人法、最终理想解等。

37. 请用最终理想解方法解决书房桌面易乱堆积的问题。

38. 试用最终理想解方法解决沿海地区电力不足的问题。

39. 某机械钟需要用到一种可变外轮廓的凸轮，试用本章中的方法给出几种可行的方案。

40. 试用本章中的方法设计一种日常用具，如自动洗头机、自动炒菜机、自动跟踪伞、最小体积的鞋、节省空间的多功能家具等。

第 6 章

方案评价

内容摘要：

问题求解过程中，在建立了多种问题解决方案后，需要对这些方案进行评价，选择最优方案供后续实施。方案评价是在选定评价指标的基础上，给出每种方案相对于评价指标的量值，进而根据这些量值进行选优。本章将介绍方案评价的作用及方案评价工具。

6.1 概述

问题与思考

什么是方案评价？方案评价工具有哪些？

方案评价是在选定评价指标的基础上，给出各种方案相对于评价指标的具体量值，进而根据这些量值进行选优，为后续实施方案提供依据。

方案评价工具包括价值、理想度方法、优度评价方法、理想优度评价方法等。因价值与理想度方法类似，这里主要介绍后面三种方法。

6.2 理想度方法

问题与思考

什么是理想度？如何计算理想度？

6.2.1 理想度

理想化是系统的进化方向，不管是有意改变，还是系统本身发展进化，系统都在向着更理想的方向发展。系统的理想程度用理想度（也称理想化水平）来衡量。

理想度的表达式为

$$I = \frac{\sum F_U}{\sum C + \sum F_H} \tag{6-1}$$

式中，I 为理想度；$\sum F_U$ 为有用功能之和；$\sum F_H$ 为有害功能之和（如消耗、废弃物、污染等）；$\sum C$ 为成本总和（如材料成本、时间成本、空间成本等）。

从式（6-1）中可以得到，技术系统的理想化水平与有用功能之和成正比，与有害功能之和及成本之和相加所得值成反比。理想度越高，产品的竞争能力越强。创新设计中以理想度增加的方向作为设计的目标。

对于理想度的计算，通常是先分析系统的有用功能、成本、有害功能，然后根据经验或咨询专家得到有用功能、成本、有害功能的量值，再利用式（6-1）计算得到系统的理想度。在分析有用功能时，可以细分到每个功能组件。对于单个组件的有用功能指标，按模糊评判方法分为 6 个等级或根据情况自定义等级，其评价值 a_i 的取值为 0、0.2、0.4、0.6、0.8、1，则有用功能之和可以用式（6-2）表示

$$\sum F_U = \sum_{i=1}^{n} u_i a_i, \quad \sum_{i=1}^{n} u_i = 1 \tag{6-2}$$

式中，u_i 为第 i 个组件有用功能的权重；n 为组件的个数。

同理，有害功能之和的表达式为

$$F_H = \sum_{i=1}^{m} h_i b_i, \quad \sum_{i=1}^{m} h_i = 1 \tag{6-3}$$

式中，b_i 为第 i 项有害功能指标的评价值，其取值与有用功能评价值一致；h_i 为第 i 项有害功能的权重；n 为有害功能指标的个数。

对于成本，也有类似的计算。简化情况下，直接由技术与财务专家在 $[0,1]$ 范围内分级打分，给出有用功能之和、成本之和、有害功能之和。

6.2.2 理想度评价案例

1. 问题描述

设计一种具备越障功能的移动机器人，同时要求该移动机器人在平地上行走时速度要尽可能快。移动机器人的避障功能比快速行走功能、驱离地面功能、跳跃功能更重要。

2. 方案设计

方案一：柔性底盘机器人

如图 6-1 所示，方案一使用一种柔性底盘，底盘下方轮子轮轴的相对位置可以根据地面环境自适应地改变，即引入了一个冗余自由度，从而具有被动柔性效果。使用该底盘的移动机器人在不规则地面行驶时，能够通过底盘的变形自动地适应路面的变化，使车身可以越过障碍并尽可能保持平稳。通常，在一些高级机器人上，都会在轮架上安装弹簧和阻尼器，以提供最佳的动力学特性。如图 6-1a 所示，使用柔性底盘的移动机器人正在平稳的路面上行驶，此时移动机器人的所有轮子都处在同一水平面上。而当行驶过程中遇到障碍时，靠近障碍的轮子的轮轴位置会随之发生变化，以适应复杂地形环境，如图 6-1b 所示。

方案二：六足机器人

方案二的机器人使用六足结构，如图 6-2 所示。这种机器人的每条腿足都具有一定的柔性，因而能够通过编程实现许多复杂的步态，不同的步态用于执行不同的任务。其特点是能够使用不同的步态在各类复杂地形上行走，例如，可以在岩石、泥地、沙地、林地、草地，甚至在铁轨、电线杆和楼梯上行走，因而灵活性和适应性很强，同时做到了消耗最小的能量。图 6-2a 所示为在较平稳的地面上行走或奔跑的情形；图 6-2b 所示为另一种步态，用于执行跳跃任务。

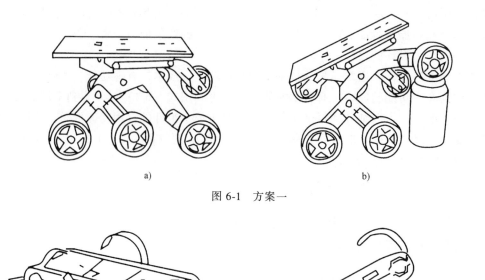

图 6-1　方案一

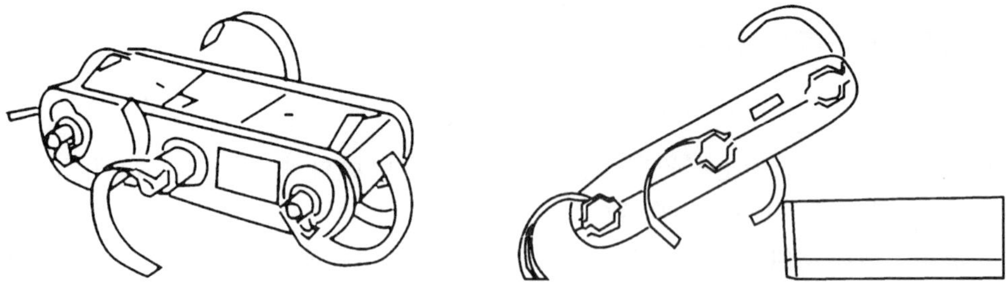

图 6-2　方案二

方案三：履带机器人

方案三使用履带作为行走机构，且具有两级履带系统，靠近机身的履带为第一级履带，位于四足上的履带为第二级履带。两级履带都能够独立调节，从而改变两级履带组合的形状与动力参数，以执行攀爬、跨越等任务。图 6-3a 中履带机器人在平坦的路面上行驶，此时第二级履带未发生作用，机器人使用第一级履带在地面上行走；图 6-3b 中履带机器人在存在障碍物的地面上行驶，此时两级履带均各自发挥作用，以适应复杂的路面情况。

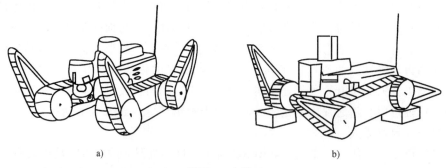

图 6-3　方案三

3. 理想度评价

这里针对每种方案中组件的有用功能与两项有害功能（消耗电池、挤压机身），而忽略成本，分别进行组件功能分析和理想度计算。

（1）建立组件功能分析表 三种设计方案的组件功能分析表见表6-1~表6-3。各方案的有用功能中，翻越障碍功能最重要，权重 $a_i = 0.3$；驶离地面功能次之，权重为0.2。

表6-1 方案一组件功能分析表

组件	有用功能	判定值 a_i	权重 u_i	有害功能	判定值 b_i	权重 h_i
底盘	固定组件	0.6	0.1	无	无	无
轮架	安装轮子	0.8	0.05	无	无	无
轮子	翻越障碍	0.4	0.3	无	无	无
	驶离地面	1	0.2			
弹簧阻尼器	减振底盘	1	0.05	无	无	无
电机	驱动轮子	0.8	0.1	消耗电池	0.4	0.4
电机控制器	控制电机	0.8	0.05	消耗电池	0.2	0.4
电池	供能电机	0.8	0.15	挤压机身	0.4	0.2

表6-2 方案二组件功能分析表

组件	有用功能	判定值 a_i	权重 u_i	有害功能	判定值 b_i	权重 h_i
柔性足	翻越障碍	0.6	0.3	无	无	无
	驶离地面	0.8	0.2			
	跳离地面	0.4	0.05			
封闭机身	安装组件	0.8	0.05	无	无	无
	保护组件	1	0.05			
电机	驱动六足	0.8	0.1	消耗电池	0.6	0.4
步态控制器	控制电机	0.6	0.1	消耗电池	0.4	0.4
电池	供能电机	0.8	0.15	挤压机身	0.6	0.2

表6-3 方案三组件功能分析表

组件	有用功能	判定值 a_i	权重 u_i	有害功能	判定值 b_i	权重 h_i
底盘	固定组件	0.6	0.05	无	无	无
主动轮	驱动履带	0.8	0.1	无	无	无
从动轮	支撑履带	0.8	0.05	无	无	无
履带A	驶离地面	0.6	0.2	挤压路面	1	0.2
履带B	翻越障碍	0.8	0.3	无	无	无
电机	驱动主动轮	0.8	0.1	消耗电池	1	0.3
电机控制器	控制电机	0.8	0.05	消耗电池	0.2	0.3
电池	供能电机	0.8	0.15	挤压机身	0.8	0.2

（2）计算理想度 由组件功能分析表的数据，可以根据式（6-2）与式（6-3）分别计算出每种方案的有用功能之和、有害功能之和（因忽略成本，故这里成本之和为0），然后根据式（6-1）计算每种方案的理想度。

方案一的理想度为

$$F_U = \sum_{i=1}^{n} u_i a_i = 0.71, \quad F_H = \sum_{i=1}^{m} h_i b_i = 0.32$$

$$I_1 = \sum F_U / \sum F_H = 2.219$$

方案二的理想度为

$$F_U = \sum_{i=1}^{n} u_i a_i = 0.71, \quad F_H = \sum_{i=1}^{m} h_i b_i = 0.52$$

$$I_1 = \sum F_U / \sum F_H = 1.365$$

方案三的理想度为

$$F_U = \sum_{i=1}^{n} u_i a_i = 0.75, \quad F_H = \sum_{i=1}^{m} h_i b_i = 0.72$$

$$I_1 = \sum F_U / \sum F_H = 1.042$$

因为 $I_1 > I_2 > I_3$，故方案一最优。

6.3 优度评价方法

问题与思考

什么是衡量指标？选择衡量指标的原则是什么？什么是关联函数？为什么要规范化关联度？如何进行优度评价？

6.3.1 基本概念

1. 衡量指标

要评价一个方案的优劣，需要选择一定的衡量指标。衡量指标是用以判定一个方案优劣的标准。方案的优劣是相对于某种标准而言的，会出现关于某个衡量指标是有利的，而关于另外的衡量指标是不利的情况。

因此，评价一个方案的优劣必须反映出利弊的程度以及它们可能的变化情况。应根据实际问题的需要，给出符合技术要求、经济要求和社会要求的评价标准，确定好衡量指标 $MI = \{MI_1, MI_2, \cdots, MI_n\}$，其中 $MI_i = (c_i, V_i)$ 是特征元，c_i 是评价特征，V_i 是数量化了的量值域（$i = 1, 2, \cdots, n$）。

衡量指标的选取是非常重要的，选取原则如下：

1）评价的目的性。对于不同的评价对象和评价主题，目的不同，选取的衡量指标就不同。

2）评价的全面性。应考虑技术、经济、社会等各方面的要求。

3）评价的可行性。指标要有代表性，数据要真实可靠。

4）评价的稳定性。选取的衡量指标应尽量稳定，受偶然因素影响较大的因素要慎重考虑（非满足不可的必须选入，不是非满足不可的可考虑不选）。

如前所述，衡量指标包括技术要求、经济要求与社会要求三个方面。

技术要求主要包括方案实施的工艺难易程度、创新程度、客户对产品功能的要求等。

经济要求是指方案实施过程中所需要消耗的资本以及盈利等方面的要求，包括人力、物力、财力、时间等。

社会要求是针对整个社会大环境而言的，包括市场需求（对象的潜在市场价值和发展前景）、环境要求（光、声音、波、磁及实体物等可能对社会生活的环境产生干扰的方面）、安全要求（信息、财产、人身安全等）、法律要求、社会反馈等。

当选用多个衡量指标时，需要咨询专家（或根据惯例）确定每个衡量指标的权重 a_i，即衡量指标 MI_i 的相对重要程度。

2. 关联函数与关联度

选定衡量指标后，要给出衡量指标的具体数值，用关联函数定量、客观地表述方案对某个衡量指标的满足程度，取值范围为 $(-\infty, +\infty)$。

对某一待评价方案 Z，关于某衡量指标 MI 建立关联函数 $k(z)$，表示方案 Z 符合要求的程度，称 $k(z)$ 的取值为 Z 关于 MI 的关联度。

在可拓创新方法中，关联函数有很多种类，如初等关联函数、简单关联函数、离散关联函数等，这里仅介绍容易理解的离散关联函数。

离散关联函数的形式见式（6-4），关联值最好有正负，中间值为0。

$$k(z)=\begin{cases} A_1(>0), z=a_1 \\ A_2(>0), z=a_2 \\ \quad\vdots \\ A_k(>0), z=a_k \\ 0, z=a_0 \\ B_1(<0), z=b_1 \\ B_2(<0), z=b_2 \\ \quad\vdots \\ B_k(<0), z=b_k \end{cases} \quad\quad (6\text{-}4)$$

例如，某个产品方案相对成本指标，可以定性地描述为"很高""高""一般""低""很低"，针对这些定性描述，可以用离散关联函数进行定量化，则可建立如下关联函数

$$k(z)=\begin{cases} 2, & z=很低 \\ 1, & z=低 \\ 0, & z=一般 \\ -1, & z=高 \\ -2, & z=很高 \end{cases}$$

3. 规范关联度

前面得到的关联度，其取值范围可能差别很大或者不同指标的量值单位不一样，不便于进一步运算，故需要对关联度进行规范化（或称归一化），把各个衡量指标的关联度都规范在 $[-1, 1]$ 范围内。

设待评价方案 $Z_j(j=1, 2, 3, \cdots, m)$ 关于某个衡量指标 $MI_i(i=1, 2, 3, \cdots, n)$ 的关联度分别为 $k_i(z_j)$，则

$$g_i(z_j) = \frac{k_i(z_j)}{\max\limits_{j \in \{1,2,\cdots,m\}} |k_i(z_j)|} \tag{6-5}$$

称为 Z_j 关于 MI_i 的规范关联度。

对于离散关联函数，可以在设置关联函数时，将所有衡量指标的取值都限定在 $[-1, 1]$ 范围内，此时可不进行规范化。

4. 优度

对任一待评价方案 $Z_j(j = 1, 2, 3, \cdots, m)$，除非满足不可的指标外的衡量指标集为 $MI = \{MI_1, MI_2, \cdots, MI_n\}$，$Z_j$ 关于 MI_i 的规范关联度为 $g_i(x_j)(i = 1, 2, 3, \cdots, n; j = 1, 2, 3, \cdots, m)$，$MI_i$ 的权系数为 $\alpha_i(i = 1, 2, 3, \cdots, n)$，且 $0 \leq \alpha_i \leq 1$，$\sum\limits_{i=1}^{n} \alpha_i = 1$。这里的方案评价中，只有所有衡量指标的综合关联度大于 0，才认为方案 Z_j 符合要求，则优度的定义为

$$C(Z_j) = \sum_{i=1}^{n} \alpha_i g_i(z_j) \tag{6-6}$$

6.3.2　优度评价方法与步骤

优度评价方法根据衡量指标及指标级别的不同，有很多种类，这里主要介绍一级多指标优度评价。

在对待评价对象进行评价时，往往需要考虑多种因素的影响，如经济、技术、社会等各方面的情况，即多指标的综合评价。当多个衡量指标被同时考虑，且这些指标无级别之分时，称为一级多指标优度评价方法，简称优度评价方法，其具体步骤如下。

1. 确定衡量指标

设所选取的衡量指标为 MI_1，MI_2，$\cdots$，MI_n，确定关于各衡量指标 MI_i 的量值域 X_i 时要注意以下几点：

1）要以社会经济现象的实现状况为依据，以与被评价对象有关的取值范围资料和历史资料为基础。

2）要注意到社会经济现象的发展变化趋向，把变化估计数值作为确定量值域时的参考。

3）量值域的确定应具有一定的调节和管理作用，为此，可考虑把国家（地区、省份）社会经济管理中的规划值、计划值等标准数据作为量值域边界。

2. 确定权系数

评价一个对象 $Z_j(j = 1, 2, \cdots, m)$ 优劣的各衡量指标 MI_1，MI_2，$\cdots$，MI_n 有轻重之分，用权系数来表示各衡量指标的重要程度。对于非满足不可的指标，用指数 Λ 来表示；对于其他衡量指标，则根据重要程度分别赋以 $[0, 1]$ 范围内的值。权系数记为 $\alpha = (\alpha_1, \alpha_2, \cdots, \alpha_n)$，其中，若 $\alpha_{i_0} = \Lambda$，则 $\sum\limits_{\substack{i=1 \\ i \neq i_0}}^{n} \alpha_i = 1$。

权系数的大小对于优度的高低具有举足轻重的作用，不同的权系数会得出不同的结论，引起被评价对象优劣顺序的改变。如果权系数由人来确定，则常常带有主观随意性，会影响评价的真实性和可靠性。为了尽量合理地确定权系数，可以使用层次分析法或其他权重确定方法来确定衡量指标间的相对重要性次序，从而确定权系数。

3. 首次评价

确定各衡量指标的权系数后，首先利用非满足不可的指标对评价对象进行筛选，除去不满足该指标的对象，然后对已符合非满足不可的指标 Λ 的对象进行下面的步骤（设 Z_1，Z_2，…，Z_m 均符合非满足不可的指标）。

4. 建立关联函数，计算关联度

设衡量指标集 $MI = \{MI_1, MI_2, \cdots, MI_n\}$，$MI_i = (c_i, V_i)(i = 1, 2, \cdots, n)$，权系数分配为 $\alpha = (\alpha_1, \alpha_2, \cdots, \alpha_n)$，根据各衡量指标的要求，建立关联函数 $k_1(z_1)$，$k_2(z_2)$，…，$k_n(z_m)$。

5. 计算规范关联度

设每个待评对象 Z_j 关于各衡量指标 MI_i 的取值为 z_{ij}，关联度为 $k_i(z_{ij})$，则它们对应的规范关联度按式（6-5）计算。

6. 计算优度

多衡量指标的优度可根据具体情况按式（6-6）进行计算。

注意：在处理实际问题的过程中，有些指标是非满足不可的，如果这些指标不能达到，则其他指标再好也不能使用。例如，在涉及建筑物时，材料的选择、设备的配置等，关于安全系数指标的要求是非满足不可的，凡是达不到安全要求的一切材料、设备、方案都是不能使用的。

关于一个对象的评价往往不能只考虑有利的一面，还要考虑不利的一面。对于应该生产何种产品，必须考虑利弊两方面，进行综合评价，最后才能得到合适的筛选方案。此外，在评价时，往往要考虑动态性和可变性，并对潜在的利弊进行考虑。

一级优度评价的衡量指标不需要再细分出众多的子指标。每个衡量指标都是针对某个确定的评价特征的。一级多指标优度评价的基本流程如图 6-4 所示。

图 6-4　一级多指标优度评价的基本流程

6.3.3　优度评价案例

1. 问题描述

设计一种能够将打磨力维持在某个范围内的打磨工具，并且该工具能够对较复杂的工件表面进行打磨。

2. 方案设计

方案一：打磨工具头采用被动柔性。

该打磨工具采用弹簧来维持打磨压力，以及保持磨头与工件表面接触，并能根据工件表面情况在一定范围内收缩与延伸。被动柔性打磨工具头如图 6-5 所示。

方案二：打磨工具头采用主动柔性。

该打磨工具具有一种通过气动控制来达到主动式轴柔性的力控制装置，即工具上的三台小型气缸均匀地分布在主轴方向上，通过小型气缸来控制主轴的延伸和收缩，以提供刀具柔性。通过集成压力传感器和线性编码器，能够实时地对压力进行控制，并保持与工件表面接触。主动柔性打磨工具头如图6-6所示。

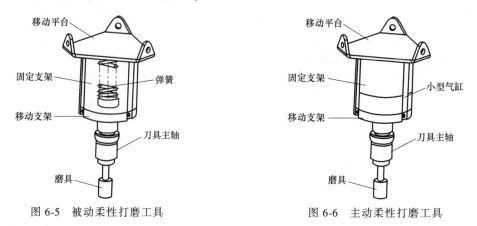

图6-5 被动柔性打磨工具　　　　　　　　　图6-6 主动柔性打磨工具

方案三：打磨工具头同时具备主动柔性和被动柔性。

工具头的被动柔性由预压缩弹簧产生，而主动柔性则由工具头上方的气动移动关节产生。刀架与气动关节之间采用封闭连杆结构，并对称地布置在轴线周围，形成并联结构。并联结构和预压缩弹簧使工具头能够根据打磨表面的形状自动调节自身的姿态，从而使刀具主轴和打磨表面保持垂直，如图6-7所示。

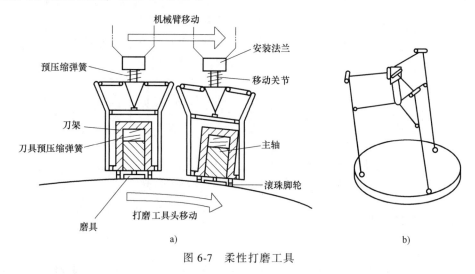

图6-7 柔性打磨工具

3. 优度评价

对于这三种方案，采用优度评价来选择最优方案。

（1）确定衡量条件　选择打磨方案的可靠性c_1、简便性c_2和成本c_3三个因素作为衡量条件，其中可靠性主要是指打磨装置的打磨质量，简便性主要是指控制打磨装置的难易程度，成本是指方案实施的成本。则衡量条件集为

$$O = \{(c_1, V_1), (c_2, V_2), (c_3, V_3)\}$$

（2）确定权系数　同一种方案O_j的优劣的衡量指标（可靠性c_1、简便性c_2和成本c_3）有轻重之分，用权系数表示各衡量指标的重要程度。采用层次分析法（Analysis Hierarchy

Process，AHP）法，根据各因素重要程度的差别，确定两两因素间的相互比率，使用 1-9 比率标度法。由于装置的可靠性比简便性稍微重要一些，因此采用 AHP 法构造出的判别矩阵 H 为

$$H = \begin{bmatrix} 1 & 1/3 & 3 \\ 3 & 1 & 3 \\ 1/3 & 1/3 & 1 \end{bmatrix}$$

采用 AHP 的方根法求得权系数 α 为

$$\alpha = (0.28, 0.58, 0.14)$$

（3）建立关联函数，计算规范关联度 设打磨装置的可靠性、简便性与成本的量级均为 5 级，最优值均为 2，最差值均为 -2。建立简单的离散型关联函数 $k_i(x)$

$$k_i(x) = \begin{cases} 2, x = 极可靠/极简便/极低 \\ 1, x = 可靠/简便/低 \\ -2 \quad 0, x = 一般 \\ -1, x = 不可靠/复杂/高 \\ -2, x = 极不可靠/极复杂/极高 \end{cases}$$

比较三种方案，使用方案一时，打磨头与工件表面的接触由弹簧自动调节，控制较简便，但适应工件曲面的可靠性比较差，成本是比较合适的；使用方案二时，利用程序同时控制打磨装置的姿态和位置，控制相对复杂，适应工件曲面的可靠性较高，但成本要高一些；使用方案三时，打磨头能够根据工件表面的变化自动地调整姿态，可靠性很高，但成本也很高。因此，对于简便性，可取 $k_{c_2}(O_1) = 2$，$k_{c_2}(O_2) = -2$，$k_{c_2}(O_3) = -1$；对于可靠性，可取 $k_{c_1}(O_1) = -1$，$k_{c_1}(O_2) = 1$，$k_{c_1}(O_3) = 2$；对于成本，可取 $k_{c_3}(O_1) = 1$，$k_{c_3}(O_2) = -1$；$k_{c_3}(O_3) = -2$。

综上，三种方案关于衡量指标可靠性 c_1、简便性 c_2 和成本 c_3 的关联度分别为

$$k_{c_1} = (k_{c_1}(O_1), \quad k_{c_1}(O_2), \quad k_{c_1}(O_3)) = (-1, 1, 2)$$

$$k_{c_2} = (k_{c_2}(O_1), \quad k_{c_2}(O_2), \quad k_{c_2}(O_3)) = (2, -2, 1)$$

$$k_{c_3} = (k_{c_3}(O_1), \quad k_{c_3}(O_2), \quad k_{c_3}(O_3)) = (1, -1, -2)$$

则它们的规范关联度分别为 $g_{c_1} = (-0.5, 0.5, 1)$，$g_{c_2} = (1, -1, 0.5)$，$g_{c_2} = (0.5, -0.5, -1)$。

（4）计算优度 方案一关于 O_1 的规范关联度为 $g(O_1) = (-0.5, 1, 0.5)^T$；方案二关于 O_2 的规范关联度为 $g(O_2) = (0.5, -1, -0.5)^T$；方案三关于 O_3 的规范关联度为 $g(O_3) = (1, 0.5, -1)^T$。

因此，三种方案的优度分别为

$$C(O_1) = \alpha g(O_1) = -0.28 \times 0.5 + 0.58 \times 1 + 0.14 \times 0.5 = 0.51$$

$$C(O_2) = \alpha g(O_2) = 0.28 \times 0.5 - 0.58 \times 1 - 0.14 \times 0.5 = -0.51$$

$$C(O_3) = \alpha g(O_3) = 0.28 \times 1 + 0.58 \times 0.5 - 0.14 \times 1 = 0.43$$

由于 $C(O_2) < C(O_3) < C(O_1)$，因此，选择较优的方案一。

6.4 理想优度评价方法

问题与思考

什么是理想优度？理想优度评价方法的流程？

6.4.1 理想优度评价方法的流程

可拓优度评价的一般流程包括确定评价指标、确定权系数、建立关联函数、计算关联度、对关联度进行规范化，最后计算优度，优选方案。在这个过程中，关联函数、关联度计算及其规范化比较繁琐，这里采用理想度代替这三部分，即每个评价指标的理想度（用理想度描述每个评价指标的量值），这样可以简化评价流程，如图 6-8 所示。

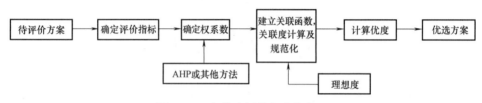

图 6-8 理想优度评价方法的流程

1. 确定评价指标

根据技术系统（或产品）方案设计中主要考虑的因素，选择基本功能、工作性能、动力性能、经济性能、结构性能等作为评价指标（c）。

2. 确定权系数

评价一种方案 $W_j(j=1,2,\cdots,m)$ 优劣的各衡量指标 c_1，c_2，$\cdots$，c_n 有轻重之分，以权系数 α 来表示各衡量指标的重要程度，根据重要程度分别赋予 $[0,1]$ 范围内的值，即

$$\alpha = (\alpha_1, \alpha_2, \cdots, \alpha_n) \tag{6-7}$$

式中，$\sum\limits_{j=1}^{n} \alpha_j = 1$。

确定权系数的方法很多，这里采用 AHP 确定机械运动方案评价指标（基本功能、工作性能、动力性能、经济性能、结构性能）的权系数。

3. 计算评价指标的理想度

在 TRIZ 中，系统的理想化水平与有用功能之和成正比，与有害功能之和及成本之和相加所得值成反比。对于每个评价指标，这里定义为：某评价指标的理想度与该评价指标对有用功能的贡献率成正比，与该评价指标对有害功能贡献率与成本贡献率之和成反比，即

$$I_i = \frac{U_i / \sum U_F}{H_i / \sum H_F + C_i / \sum C} \tag{6-8}$$

式中，$\sum U_F$ 为有用功能之和；$\sum H_F$ 为有害功能之和；$\sum C$ 为成本之和；U_i 为该评价指标对有用功能的贡献；H_i 为该评价指标对有害功能的贡献；C_i 为该评价指标对成本的贡献。

对于有用功能、有害功能、成本的界定与量化，主要是依据调查用户数据。对于某种产

品，用户购买时（用户购买的是功能）认为有用功能占多少比例，就是有用功能的量化值，认为有害功能占多少比例，就是有害功能的量化值；认为成本高低，也取一个量化值（认为贵取-0.5，一般取0，便宜取0.5；也可根据情况分为5段或其他多段取值）。例如，调查多个用户购买某种菜刀的数据，大部分用户认为其有用功能占80%，则有用功能为0.8，有害功能占20%，则有害功能为0.2；认为成本高，则成本为-0.5。

评价指标对这些量的贡献率也是类似的，如以产品实用性为评价指标，则实用性是支持有用功能的，它对有用功能的贡献率就大，也相应地赋值量化。

4. 计算理想优度

用理想度作为关联值的优度，即为理想优度。

方案 W_j 关于各评价指标 c_1，c_2，$\cdots$，c_n 的理想度见式（6-9），各种方案理想优度的计算公式见式（6-10）。

$$L(W_j) = \begin{pmatrix} I_{1j} \\ I_{2j} \\ \vdots \\ I_{nj} \end{pmatrix}, j = 1, 2, \cdots, m \tag{6-9}$$

$$Y(W_j) = \alpha L(W_j) = (\alpha_1, \alpha_2, \cdots, \alpha_n) \begin{pmatrix} I_{1j} \\ I_{2j} \\ \vdots \\ I_{nj} \end{pmatrix} = \sum_{i=1}^{n} \alpha_i I_{ij}, j = 1, 2, \cdots, m \tag{6-10}$$

5. 根据优度确定较优方案

对根据式（6-10）计算出的各种方案的理想优度进行排序，选用理想优度值较大的方案作为优选方案进行具体的方案设计。

6.4.2　理想优度评价方法案例

升降装置是包装机械的重要组成部分，这里针对要求占用空间小的升降装置设计方案进行分析。根据收缩后占用空间小的要求，构想的方案为液压缸升降机构、卷尺弹簧片升降机构、刚性链升降机构，如图6-9所示。这三种升降机构均有各自的优势，下面采用理想优度评价方法进行评价选优。

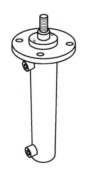
a) 液压缸升降机构

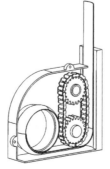
b) 卷尺弹簧片升降机构

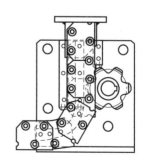
c) 刚性链升降机构

图6-9　升降机构方案

1. 确定评价指标

根据前面的分析，选择基本功能 c_1、工作性能 c_2、动力性能 c_3、经济性能 c_4 和结构性能 c_5 作为评价指标。

2. 确定权系数

建立调查问卷，对某公司研发部的设计师、高校教师和普通消费者进行问卷调查，由于数据来源较广，个别得分异常值会影响数据的准确性，故予以剔除。对于描述性统计分析，体现数据趋势的主要有平均值、中位数和众数。本次调查中以分隔数值打分来得到权重，平均值反映的是调查者的平均得分，明显不合适；而众数体现的是多数人的打分，对本次调查有一定的参考意义，故在数据分析中以得分众数为主。

再利用 AHP 得到以上考核项目在升降装置设计中的权重。表 6-4 所列为考核指标成对比较得分与权重计算，由表可知，工作性能的权重最大。

然后对得到的矩阵进行一致性判断，其一致性比例小于 0.1，所以矩阵均能达到一致性指标。

表 6-4　升降机构各评价指标的权重

	基本功能	工作性能	动力性能	经济性能	结构性能	W_i
基本功能	1	1/3	5	3	5	0.28
工作性能	3	1	5	3	5	0.43
动力性能	1/5	1/5	1	1/3	1	0.07
经济性能	1/3	1/3	3	1	3	0.15
结构性能	1/5	1/5	1	1/3	1	0.06

3. 各评价指标理想度的确定

本次调查有十个调查样本，包括广州大学机械专业的四位专家以及格睿德工程有限公司研发部的六位工程师。收集数据后，利用式（6-8）计算理想度平均值，见表 6-5。

表 6-5　方案评价指标的理想度

方案理想度得分 / 评价指标	液压缸升降机构	卷尺弹簧片升降机构	刚性链升降机构
基本功能	1	0.7368	0.7368
工作性能	0.6632	1	0.8947
动力性能	0.7850	1	0.8570
经济性能	1	0.7223	0.7556
结构性能	0.6667	0.8334	1

4. 方案理想优度的计算

综上，三种方案关于评价指标基本功能 c_1、工作性能 c_2、动力性能 c_3、经济性能 c_4、结构性能 c_5 的理想度分别为

$$L_{c1} = (L_{c1}(W_1), L_{c1}(W_2), L_{c1}(W_3)) = (1, 0.7368, 0.7368)$$

$$L_{c2} = (L_{c2}(W_1), L_{c2}(W_2), L_{c2}(W_3)) = (0.6632, 1, 0.8947)$$

$$L_{c3} = (L_{c3}(W_1), L_{c3}(W_2), L_{c3}(W_3)) = (0.7850, 1, 0.8570)$$

$$L_{c4} = (L_{c4}(W_1), L_{c4}(W_2), L_{c4}(W_3)) = (1, 0.7223, 0.7556)$$

$$L_{c5} = (L_{c5}(W_1), L_{c5}(W_2), L_{c5}(W_3)) = (0.6667, 0.8334, 1)$$

方案一关于各评价指标的理想度为 $L(W_1) = (1, 0.6632, 0.7850, 1, 0.6667)^T$；方案二关于各评价指标的理想度为 $L(W_2) = (0.7368, 1, 1, 0.7223, 0.8334)^T$；方案三关于各评价指标的理想度为 $L(W_3) = (0.7368, 0.8947, 0.8570, 0.7556, 1)^T$。

根据式（6-10）可以得到各种方案的理想优度：对于液压缸升降机构，$Y(W_j) = \alpha L(W_j) = 0.81$；对于卷尺弹簧片升降机构，$Y(W_j) = \alpha L(W_j) = 0.86$；对于刚性链升降机构，$Y(W_j) = \alpha L(W_j) = 0.82$。对比三个理想优度，卷尺弹簧片升降机构较优。

6.5 方案评价工具选择策略

 问题与思考

如何选择方案评价工具？

应优先选用理想优度来评价，如果需要简化评价，则可以用理想度来评价。

同样，也可以根据创新工具难度来选择，见表6-6。

表6-6 方案评价工具的难度

方案评价工具	难　　度
理想度评价	3.2
优度评价	3.5
理想优度评价	3.32

 练一练

1. 试对日常用品（如水杯、茶叶盒、剪刀、衣架等）提出几种改进方案，并用优度评价方法进行评价。

2. 试对家具产品（如书桌、座椅、沙发、衣柜、鞋柜等）提出几种改进方案，并用理想度评价方法进行评价。

3. 试对家用电器产品（如电视机、洗衣机、电饭煲、电冰箱、抽油烟机等）提出几种改进方案，并用理想优度评价方法给出评价结果。

4. 结合各自专业学习中遇到的问题，给出一些解决方案，然后选用一种评价方法进行评价，并说明选用这种评价方法的理由。

5. 试比较这些评价方法的特点和应用场合，并分析给出继续完善的思路。

第7章

专利申请与专利规避设计

内容摘要：

获得较优的创新问题解决方案后，需要申请专利对方案进行保护。申请专利需要知道专利的种类、专利申请文档的撰写方法、如何规避现有专利等问题。本章介绍专利相关概念、专利申请文档准备，以及专利规避等知识。

7.1 专利的概念与种类

问题与思考

什么是知识产权？什么是专利？我国专利有哪些类型？不同类型的专利有何区别？

7.1.1 知识产权与专利

1. 专利的概念

在当今的创新时代，经常会接触到知识产权与专利的概念。知识产权是指对智力劳动成果所享有的占有、使用、处置和收益的权利。知识产权是一种无形的财产权，它与汽车、住宅等有形资产一样，都受国家法律保护，都具有商业价值和使用价值。知识产权包含专利权、商标权、著作权等。

专利是专利权的简称，是国家按照专利法授予申请人在一定时间内对其发明创造成果所享有的独占、使用和处置的权利。专利的两个最重要的特征是"独占"与"公开"，以"公开"换取"独占"是专利制度最基本的核心，这分别代表了权利与义务的两个方面。"独占"是指法律授予技术发明人在一段时间内享有排他性的独占权利；"公开"是指技术发明人将其技术公开，使社会公众可以通过正常的渠道获得有关专利的技术信息。

2. 专利的特点

专利主要有三大特点：独占性、时间性和地域性。独占性是指在一定时间（专利权有效期）和区域（法律管辖区）内，任何单位或个人未经专利权人许可都不得实施其专利。时间性是指专利权人对其发明创造所拥有的专利权只在法律规定的时间内有效。地域性是指一个国家依照其专利法授予的专利权，仅在该国法律管辖范围内有效。

3. 授予专利权的条件

授予专利权的发明和实用型应当具备新颖性、创造性和实用性。

新颖性是指在申请日以前没有同样的发明创造在国内外出版物上公开发表过、在国内公开使用过或者以其他方式为公众所知，也没有同样的发明或者实用新型由他人向国家知识产权专利局提出过申请并记载在申请日以后公布的专利申请文件中。

创造性是指同申请日以前已有的技术相比，该发明有突出的实质性特点和显著的进步；该实用新型有实质性特点和进步。

实用性是指该发明或者实用新型能够制造或者使用，并且能够产生积极效果。

授予专利权的外观设计，应当同申请日以前在国内外出版物上公开发表过或者在国内公开使用过的外观设计不相同或者不相近似，并不得与他人先取得的合法权利相冲突。

4. 专利的作用

随着科技的发展，市场竞争越来越激烈，专利制度能够促进发明创造者将其新技术尽快转化为生产力，并能保护技术市场竞争的公平有序。总的来说，专利具有如下作用：

1）通过法定程序确定发明创造的权利归属关系，从而有效保护发明创造成果独占市场，以此换取最大的利益。

2）使专利权人在市场竞争中取得主动，确保其自身生产与销售的安全性（防止竞争对手先申请专利，导致真正的专利权人遭受高额经济赔偿，被迫停止生产与销售）。

3）国家对专利申请有一定的扶持政策（如政府颁布的专利奖励政策、高新技术企业政策等），会给予部分政策、经济方面的帮助。

4）专利权受国家专利法保护，未经专利权人同意许可，任何单位或个人都不能使用（状告他人侵犯专利权，索取赔偿）。

5）有利于促进产品更新换代，提高产品的技术含量，以及提高产品的质量、降低成本，使企业的产品在市场竞争中立于不败之地。

6）一家企业拥有多个专利是其实力强大的体现，是一种无形资产和无形宣传（拥有自主知识产权的企业既是消费者趋之若鹜的强力企业，同时也是政府各项政策扶持的主要目标群体）。

7）专利技术可以作为商品出售（转让），比单纯的技术转让更有法律和经济效益，从而达到其经济价值的实现。

7.1.2 专利的种类

专利的种类在不同的国家有不同规定，我国专利法规定专利的种类有发明专利、实用新型和外观设计。

1. 发明专利

专利法中的发明，是指对产品、方法或者其改进所提出的新的技术方案。发明分为产品发明、方法发明和改进发明。

（1）产品发明　产品发明是发明人通过研究开发出来的关于新产品、新材料或新物质等的技术方案。专利法所说的产品，可以是一个独立、完整的产品，也可以是一个设备或仪器的零部件。

（2）方法发明　方法发明是指发明人为解决某特定技术问题而研究开发出来的操作方法、制造方法及工艺流程等技术方案。方法可以是由一系列步骤构成的一个完整的过程，也可以是一个步骤。

（3）改进发明　改进发明是对已有的产品发明或方法发明所做出的实质性革新的技术方案。

发明专利不一定是经过实践证明可以直接应用于工业生产的技术成果，它可以是一项解决技术问题的方案或一种构思，该方案和构思具有在工业上应用的可能性。例如，爱迪生发明了白炽灯，白炽灯是一种前所未有的新产品，可以申请产品发明；生产白炽灯的方法可以申请方法专利；给白炽灯填充惰性气体，其质量和寿命都有明显提高，这是在原来基础之上进行的改进，可以申请改进发明。发明专利从申请到授权的时间一般为 2 年以上，保护期为 20 年。

2. 实用新型

实用新型是指对产品的形状、构造或其结合所提出的适于实用的新的技术方案。实用新型保护的也是一项技术方案，但其保护范围较窄，它只保护有一定形状或结构的新产品，不保护方法以及没有固定形状的物质。因此，关于日用品、机械、电器等方面的有形产品的小发明，比较适合申请实用新型专利。实用新型从申请到授权的时间约为一年，保护期为 10 年。

3. 外观设计

外观设计是指对产品的形状、图案或其结合以及色彩与形状、图案的结合所做出的富有美感且适于工业应用的新设计。外观设计注重的是设计人员对一种产品的外观（包括形状、图案或者两者的组合，以及色彩与形状、色彩与图案的组合）所做出的富于艺术性、具有美感的创造，而且这种具有艺术性的创造不只是单纯的工艺品，还必须能够在企业中成批制造，即具有能够为工业所利用的实用性。外观设计专利的保护对象是产品的装饰性或艺术性的外表设计，这种设计可以是平面图案，也可以是立体造型，或两者的组合，授予外观设计专利的主要条件是新颖性。外观设计专利从申请到授权的时间约为一年，保护期为 10 年。

外观设计与发明专利、实用新型有着明显的区别，外观设计专利实质上是保护美术思想，而发明专利和实用新型专利保护的是技术思想。虽然外观设计和实用新型与产品的形状有关，但两者的目的却不相同，前者的目的在于使产品形状产生美感，而后者的目的在于使具有形态的产品能够解决某一技术问题。例如，如果一把电吹风的形状、图案、色彩相当美观，那么应申请外观设计专利；如果电吹风的内部流道结构设计合理或采用了不同的能源形式等，可以节省材料和能源，那么应申请实用新型专利。

图 7-1 所示为 2018 年 12 月前的三种不同类型的专利证书样式。每个专利会有一个专利

图 7-1　不同类型专利的证书样式

号，该号是专利申请人获得专利权后，国家知识产权局颁发的专利证书上的编号，通常为ZL（"专利"两字的首字母）+申请号。申请号共有12位数字及一个小数点，依次表示申请年号、专利类型、申请顺序号（流水号）、计算机校验位。专利类型为1时表示发明专利，为2时表示实用新型，为3时表示外观设计。

7.2　专利申请流程

❓ 问题与思考

专利申请通常有哪些步骤？不同类型的专利在申请流程上有哪些差异？申请专利时提交的文件有哪些？

专利申请是获得专利权的必需程序。专利权的获得，要由申请人向国家专利机关提出申请，经国家专利机关批准并颁发证书。申请人在向国家专利机关提出专利申请时，还应提交一系列申请文件，如请求书、说明书、摘要和权利要求书等。在专利申请方面，世界各国专利法的规定基本一致，可以由专利人自己申请或者找代理机构申请。

专利申请文件的填写和撰写有特定的要求，申请人可以自行填写或撰写，也可以委托专利代理机构代为办理。以申请人自行申请为例，专利申请流程如图7-2所示。

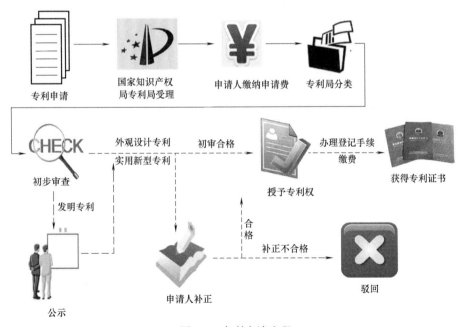

图7-2　专利申请流程

1. 发明专利的申请

（1）审批流程　专利申请→受理→初审→公示→实质审查请求→实质审查→授权。

（2）需要提交的文件

1）请求书。包括发明专利的名称，发明人或设计人的姓名，申请人的姓名或名称、地址等。

2）说明书。包括发明专利的名称、所属技术领域、背景技术、发明内容、附图说明和具体实施方式。

3）权利要求书。说明发明的技术特征，清楚、简要地表述请求保护的内容。

4）说明书附图。发明专利常有附图，如果仅用文字就足以清楚、完整地描述技术方案，则可以没有附图。

5）说明书摘要。清楚地反映发明要解决的技术问题，以及解决该问题的技术方案的要点和主要用途。

2. 实用新型专利的申请

（1）审批流程　专利申请→受理→初审→公示→授权。

（2）需要提交的文件

1）请求书。包括实用新型的名称，发明人或设计人的姓名，申请人的姓名或名称、地址等。

2）说明书。包括实用新型的名称、所属技术领域、背景技术、发明内容、附图说明和具体实施方式。说明书内容的撰写应详尽，所述技术内容应以所属技术领域的普通技术人员阅读后能予以实现为准。

3）权利要求书。说明实用新型的技术特征，清楚、简要地表述请求保护的内容。

4）说明书附图。实用新型专利一定要有附图说明。

5）说明书摘要。清楚地反映实用新型要解决的技术问题，以及解决该问题的技术方案的要点及主要用途。

3. 外观设计专利的申请

（1）审批流程　专利申请→受理→初步审查→公示→授权。

（2）需要提交的文件

1）请求书。包括外观设计专利的名称，设计人的姓名，申请人的姓名或名称、地址等。

2）外观设计图片或照片。至少两套图片或照片（前视图、后视图、俯视图、仰视图、左视图、右视图，如果有必要，应提供立体图）。

3）外观设计简要说明。必要时应提交外观设计简要说明。

7.3　专利申请文档准备

问题与思考

申请专利的每个文件有什么要求？说明书应如何撰写？权利要求应如何撰写？

7.3.1　专利申请所需文件及其要求

1. 请求书

请求书是确定发明、实用新型或外观设计三种类型专利申请的依据，应谨慎选用，建议使用专利局统一表格。请求书应当包括发明、实用新型的名称或使用该外观设计的产品名称；发明人或设计人的姓名，申请人的姓名或名称、地址（含邮政编码）以及其他事项。

其他事项包括：①申请人的国籍；申请人是企业或其他组织的，指其总部所在地的国家。②申请人委托专利代理机构时应注明的有关事项；申请人为两人以上或单位申请，而未委托代理机构的，应当指定一名自然人为代表人，并注明联系人的姓名、地址、邮政编码及联系电话。③分案专利申请（已驳回、撤回或视为撤回的申请，不能提出分案申请）类型应与原案申请一致，并注明原案申请号、申请日，否则不按分案申请处理。要求本国优先权的发明或实用新型，在请求书中注明在先申请的申请国别、申请日、申请号，并应于在先申请日起一年内提交。④申请文件清单。⑤附加文件清单。⑥当事人签字或者盖章。⑦确有特殊要求的其他事项。

2. 说明书

说明书应当对发明或实用新型做出清楚、完整的说明，以所属技术领域的普通技术人员能够实现为准。

3. 权利要求书

权利要求书应当以说明书为依据，说明发明或实用新型的技术特征，清楚、简要地表述请求专利保护的范围。

4. 说明书附图

说明书附图是实用新型专利申请的必要文件。发明专利申请如有必要也应当提交附图。附图应当使用绘图工具和黑色墨水绘制，不得涂改或易被涂擦。

5. 说明书摘要及摘要附图

发明、实用新型应当提交申请所公开内容概要的说明书摘要（限300字），有附图的还应提交说明书摘要附图。

6. 外观设计的图片或照片

外观设计专利申请应当提交该外观设计的图片或照片，必要时应有简要说明。

7.3.2　说明书及其摘要的撰写

1. 说明书的作用

说明书的作用主要有以下四点：①充分公开申请的发明，使所属领域的技术人员能够实施；②公开足够的技术信息，支持权利要求书要求保护的范围；③作为审查程序中修改的依据和侵权诉讼时解释权利要求的辅助手段；④作为可检索的信息源，提供技术信息。

2. 说明书的撰写

（1）说明书的整体撰写要求　说明书的整体撰写要求是"清楚""完整"及"能够实现"。判断是否清楚、完整的标准：保证技术方案能够实现，即所属技术领域的技术人员能够实现发明或实用新型的技术方案，解决其技术问题，并且产生预期的效果。

（2）说明书的组成　说明书包括三部分：名称；说明书正文，在每一部分前面要写明标题，包括技术领域、背景技术、发明或实用新型内容（三要素为解决的技术问题、技术方案、有益效果）、附图说明、具体实施方式；说明书附图。

（3）说明书各组成部分的撰写要求

1）名称。

①清楚、简要，写在说明书首页正文上方居中位置。

②与请求书中的名称一致，一般不得超过25个字，最多40个字（如化学领域）。

③ 采用所属技术领域通用的技术术语。

④ 清楚、简要、全面地反映要求保护的主题和类型。

⑤ 不得使用人名、地名、商标、型号、商品名称、商业性宣传用语。

2）说明书正文。

① 技术领域。写明要求保护的发明或实用新型技术方案所属或直接应用的具体技术领域，不是上位的或相邻的技术领域，也不是发明或实用新型本身。

② 背景技术。写明对发明的理解、检索、审查有用的背景技术，尽可能引证反映这些背景技术的文件，尤其要引证与发明专利申请最接近的现有技术文件。引证的文件可以是专利文件，也可以是非专利文件。通常对背景技术的描述应包括三方面内容：注明其出处，通常可采用引证现有技术文件或指出公知公用情况两种方式；简要说明该现有技术的主要结构和原理；客观地指出存在的主要问题，切忌采用诽谤性语言。

背景技术部分引证的文件应满足的要求：引证文件应是公开出版物；引证专利文件的，要写明国别和公开号；引证非专利文件的，要写明文件的标题和详细出处；引证外国文件的，应用原文写明文件的出处及相关信息；引证的非专利文件和外国专利文件的公开日应在本申请的申请日之前，引证的中国专利文件的公开日不能晚于本申请的公开日。

③ 发明或实用新型内容。

a. 解决的技术问题。是指发明要解决的现有技术中存在的问题。专利申请记载的技术方案应当能够解决这些技术问题。

具体要求：针对现有技术中存在的缺陷或不足，采用正面语句直接、清楚、客观地说明。不得采用"如权利要求……所述的……"一类用语；不得采用广告式宣传用语。

b. 技术方案。是发明或实用新型专利申请的核心。应当能够解决在"解决的技术问题"中描述的那些技术问题。先写独立权利要求的技术方案，后写进一步改进的技术方案，应与权利要求所限定的相应技术方案的表述相一致。如果一件申请中有几项发明或实用新型，应说明每项发明或实用新型的技术方案。

c. 有益效果。是指由技术方案直接带来的，或者由所述技术方案必然产生的技术效果，是确定发明是否具有"显著的进步"的重要依据。应清楚、客观地写明发明与现有技术相比所具有的有益效果，如产量、质量、精度和效率的提高；能耗、原材料、工序的节省；加工、操作、控制、使用的简便；环境污染的治理与根治；有用性能的出现。

撰写有益效果的具体方式：分析结构特点（或理论说明、实验数据证明）；上述三种方式的结合；不得只断言其有益效果，最好通过与现有技术进行比较而得出；在机械、电气领域，对技术方案的主要技术特征进行分析；在化学领域，借助实验数据来说明；尚无可取的测量方法而不得不依赖于人的感官判断的，如味道、气味等，采用统计方法表示的实验结果来说明；引用实验数据说明有益效果时，应给出必要的实验条件和方法。

④ 附图说明。说明书有附图的，应给出附图说明，具体要求：写明各幅附图的图名，并对图示的内容做简要说明；在零部件较多的情况下，允许用列表的方式对附图中具体零部件名称进行说明。

⑤ 具体实施方式。详细地记载发明的技术方案实施过程，展示实施例的各个具体细节，是判断说明书是否充分公开、是否能够支持权利要求的保护范围的重要依据。

具体撰写要求：

a. 详细描述申请人认为实现发明或实用新型的优选的具体实施方式。适当时举例说明，有附图的应对照附图。

b. 描述详细，使所属技术领域的技术人员在不需要创造性劳动的情况下，能够实现该发明或实用新型。

c. 当一个实施例足以支持所概括的技术方案时，可以只给出一个实施例；当概括的技术方案不能从一个实施例中找到依据时，应给出一个以上的不同实施例。

d. 对于产品发明，应描述产品的机械构成、电路构成或化学成分，说明组成产品的各部分之间的相互关系。

e. 对于方法发明，应写明步骤，包括工艺条件。

f. 在结合附图描述实施方式时，应引用附图标记进行描述，引用时应与附图所示一致，放在相应部件的名称之后，不加括号。

g. 在申请内容十分简单的情况下，如果在说明书技术方案部分已对实施方式做过具体描述，则在这部分可不必做重复描述。

h. 当权利要求相对于背景技术的改进涉及数值范围时，通常应给出两端值附近（最好是两端值）的实施例；当数值范围较宽时，还应当给出至少一个中间值的实施例。

3）说明书附图。它是说明书的一个组成部分，其作用在于用图形补充说明书文字部分的描述，使人能够直观、形象化地理解发明的每个技术特征和整体技术方案。对于机械和电学技术领域中的专利申请，附图的作用尤其明显。对于某些发明专利申请，如多数化学领域的专利申请，当用文字足以清楚、完整地描述发明技术方案时，可以没有附图。

说明书附图的具体要求：有多幅附图时，可绘在同一张图纸上，并按照"图1、图2"的顺序排列；说明书中未提及的附图标记不得在附图中出现，同样，附图中未出现的附图标记不得在说明书文字部分提及；申请文件中表示同一组成部分的附图标记应一致，同一附图标记不得表示不同的部件；附图中除必需词语外（如电路或程序的框图、流程图），不应包含其他注释；附图集中放在说明书文字部分之后。

3. 说明书摘要的撰写

（1）摘要的作用　通过阅读摘要了解发明的概要。

（2）摘要的法律效力　摘要仅是一种技术信息，不具有法律效力。

摘要的内容不属于发明或实用新型原始公开的内容，不能作为以后修改说明书或权利要求书的根据，也不能用来解释专利权的保护范围。

（3）摘要的撰写要求　①写明发明所公开内容的概要，即写明发明的名称和所属技术领域，并清楚地反映所要解决的技术问题、解决该问题的技术方案的要点及主要用途；②说明书中有附图的，应指定并提供一幅最能说明该发明或实用新型技术方案的附图作为摘要附图（摘要附图应当是说明书的附图之一），附图标记应加括号；③简单扼要，全文不超过300字；④不得出现商业性宣传用语。

4. 发明专利说明书案例

案例：一种改进型竹蜻蜓（发明专利，专利号：201710019453.2，20181102）。

（1）技术领域　本发明涉及能垂直起飞的飞机玩具，具体涉及具有驱动机构的竹蜻蜓。

（2）背景技术　竹蜻蜓是我国一种传统的民间儿童玩具，流传甚广。传统的竹蜻蜓由竹柄和安装在竹柄端部的旋翼组成，依靠双手搓动竹柄使旋翼高速转动而升空。年龄较小的儿童由于双手的搓力不够而无法使竹蜻蜓升空，即使年龄稍大的儿童反复玩也很累。

为了克服上述缺陷，改善竹蜻蜓起飞的便利性，提高竹蜻蜓的娱乐性，授权公告号为CN2912748Y的实用新型专利申请公开了一种"竹蜻蜓改良结构"，该改良结构以拉绳控制作用杆的旋转，利用橡皮筋受扭转所产生的回复力，驱动螺旋桨旋转产生升力，带动本体飞升。但是，该实用新型的方案还存在下述不足：①需要一只拿着所述本体，另一只手拉动拉绳，玩起来仍然不够轻松便利；②一旦螺旋桨产生的升力大于所述本体的重力，所述竹蜻蜓便飞出，但由于加速度不足，很难飞得高，竹蜻蜓的留空时间短，趣味性显得不足。

（3）发明内容　本发明要解决的技术问题是提供一种改进型竹蜻蜓，该竹蜻蜓不但玩起来十分轻松便利，而且飞得高，趣味性强。

本发明解决上述问题的技术方案：一种改进型竹蜻蜓，该竹蜻蜓包括螺旋飞盘、中心轴、手柄和设在手柄内的驱动装置。其特征在于：

1）所述螺旋飞盘的中心连接体套设在所述中心轴的上部，二者之间为动配合并采用对插式连接传动；所述中心连接体的下端面固定有环形铁片，该环形铁片所在位置的中心轴上固定有环形永久磁铁，所述螺旋飞盘承托在该环形永久磁铁上。

2）所述手柄为盒状，并由第一半盒体和第二半盒体扣合构成。

3）所述驱动装置由摇杆机构、齿轮齿条机构、棘轮机构、齿轮增速机构和齿轮变向机构组成。其中，所述摇杆机构由摇杆和橡皮筋（弹性复位元件）组成；所述齿轮齿条机构由相互啮合的第一圆柱齿轮和弧形齿条组成；所述棘轮机构由棘轮和棘爪组成；所述齿轮增速机构由第二圆柱齿轮、双联圆柱齿轮和第三圆柱齿轮依次啮合组成；所述齿轮变向机构由一对锥齿轮组成90°变向机构。

所述手柄内自下而上依次横向设有第一支承轴、第二支承轴和第三支承轴，所述第一圆柱齿轮、棘轮和第二圆柱齿轮依次空套在第一支承轴上；所述双联圆柱齿轮空套在第二支承轴上；所述第三圆柱齿轮与所述齿轮变向机构中的主动锥齿轮固定在第三支承轴上；其中所述棘轮和第二圆柱齿轮连成一体。

所述摇杆的上头铰接在组成手柄的第一半盒体内壁的上部，下头延伸至第一圆柱齿轮一侧的下部；所述橡皮筋一头固定在第一半盒体的内壁上，另一头固定在摇杆的侧面，使所述摇杆始终远离第一圆柱齿轮。

所述弧形齿条一头固定在所述摇杆的下头，另一头伸至第一圆柱齿轮下方并与之啮合。

所述棘爪铰接在第一圆柱齿轮与所述棘轮相对的侧面。

4）所述中心轴由手柄的上头伸进所述手柄内，中部支承在所述手柄上，下头与所述齿轮变向机构中的被动锥齿轮同轴固定在一起。

上述方案中，所述对插式连接传动可以是常规的键与键槽构成的连接传动方式，也可以是授权公告号为CN2912748Y的实用新型专利申请所公开的由圆柱状的"入合部"与凹槽状的"扣合部"相对互合的传动方式（参见其图3和图4）。

上述方案中，所述棘轮机构可以由内棘轮与棘爪组成，也可由外棘轮与棘爪组成。

上述竹蜻蜓的一个改进方案是，所述环形永久磁铁与环形铁片接触的上面设有环形储油沟槽。用前在所述环形储油沟槽中注入润滑油，以降低所述环形铁片与环形永久磁铁之间的摩擦阻力。

上述改进型竹蜻蜓的工作原理和有益效果：玩者用手握动所述摇杆，由弧形齿条反复驱动第一圆柱齿轮转动，该转动由所述棘轮机构不断地传递至所述齿轮增速机构，经增速后通过齿轮变向机构驱动所述螺旋飞盘高速转动。当所述螺旋飞盘所产生的升力克服了螺旋飞盘的自重和环形永久磁铁与环形铁片之间的引力时，螺旋飞盘才会升空旋转。由于螺旋飞盘一旦摆脱了环形永久磁铁引力后便会突然加速，因此较现有的竹蜻蜓飞得更高，趣味性更强。

（4）附图说明 图1~6（图7-3）为本发明所述竹蜻蜓的一个具体实施例的结构示意图，其中图1为主视图（卸去上面的半盒体），图2为右视图（A—A剖视），图3为图1的B—B剖面放大图，图4为图1的C—C剖面放大图，图5为图1的D—D剖面放大图，图6为图2中局部Ⅰ的结构放大图。

图7为图1~6所示实施例中螺旋飞盘的立体图。

图8为图1~6所示实施例中棘轮机构的立体分解图（图中隐藏了第二圆柱齿轮11）。

（5）具体实施方式 参见图1~6，本例的竹蜻蜓包括螺旋飞盘1、中心轴2、手柄3和设在手柄3内的驱动装置。所述竹蜻蜓的具体结构如下所述。

参见图1、图2、图6和图7，螺旋飞盘1包括环圈1-1、中心连接体1-2和均匀布设在环圈1-1与中心连接体1-2之间的五个螺旋叶片1-3。所述螺旋飞盘1的中心连接体1-2套设在中心轴2的上部，二者之间为动配合并采用键连接传动方式，该键连接传动方式具体是，中心轴2的上部对称设有两条轴向凹槽2-2（相当于键槽），相应地，中心连接体1-2的中心孔内设有与所述凹槽2-2动配合的两条轴向凸起1-5（相当于平键）。所述中心连接体1-2的下端面由平头螺钉1-6固定有环形铁片1-4，该环形铁片1-4所在位置的中心轴2上设有环状支承台2-1，该支承台2-1上黏接固定有环形永久磁铁4，整个螺旋飞盘1承托在环形永久磁铁4上。所述中心轴2由塑料制成，所述螺旋飞盘1除环形铁片1-4外也由塑料制成，以减轻螺旋飞盘1的重量，同时可避免环形永久磁铁4的磁力线短路。参见图7，所述环形永久磁铁4与环形铁片1-4接触的上面设有三条环形储油沟槽4-1。

参见图1~5，所述手柄3为矩形盒状，并由第一半盒体3-1和第二半盒体3-2扣合构成。

参见图1~5，所述驱动装置由摇杆机构、齿轮齿条机构、棘轮机构、齿轮增速机构和齿轮变向机构组成。其中，摇杆机构由摇杆5和橡皮筋6组成；齿轮齿条机构由相互啮合的第一圆柱齿轮7和弧形齿条8组成；棘轮机构由棘轮9和棘爪10组成；齿轮增速机构由第二圆柱齿轮11、双联圆柱齿轮12和第三圆柱齿轮13依次啮合组成；齿轮变向机构为由一只主动锥齿轮14和一只被动锥齿轮15组成的90°变向机构。

参见图1~5，所述手柄3内自下而上依次横向设有第一支承轴16、第二支承轴17和第三支承轴18。所述第一圆柱齿轮7、棘轮9和第二圆柱齿轮11依次空套在第一支承轴16上，其中所述棘轮9为内棘轮（棘齿设在边缘的外棘轮显然也可实现同样的目的）并与第二圆柱齿轮11连成一体；所述双联圆柱齿轮12空套在第二支承轴17上；所述第三圆柱齿轮13与所述齿轮变向机构中的主动锥齿轮14由平键19固定在第三支承轴18上。

参见图1~5，所述摇杆5为扇形，由两个半扇形扣合构成，其上头铰接在组成手柄3的第一半盒体3-1内壁的上部，下头开设一避开第一圆柱齿轮7和第二圆柱齿轮11的缺口，并延伸至第一圆柱齿轮7右侧的下部；所述橡皮筋6一头系接固定在第一半盒体3-1的内壁上，另一头系接固定在摇杆5与第一半盒体3-1内壁相对的侧面，使摇杆5始终远离第一圆柱齿轮7的右侧。

参见图1，所述弧形齿条8一头夹持固定在所述摇杆5的下头，另一头伸至第一圆柱齿轮 7 下方并与之啮合。

　　参见图 2、图 3 和图 8，所述棘爪 10 有两只，先分别铰接一根螺栓状连接销 20 的尾部，再通过螺栓状连接销 20 固定在第一圆柱齿轮 7 的侧面，整个棘爪 10 伸进棘轮 9 内与之啮合。

　　参见图 1、图 2 和图 7，所述中心轴 2 由手柄 3 的上头伸进手柄 3 内，中部通过两个环形槽 2-3 夹持支承在手柄 3 上，下头的末端与所述齿轮变向机构中的被动锥齿轮 15 同轴固定在一起。

　　（6）说明书附图　说明书附图如图 7-3 所示。

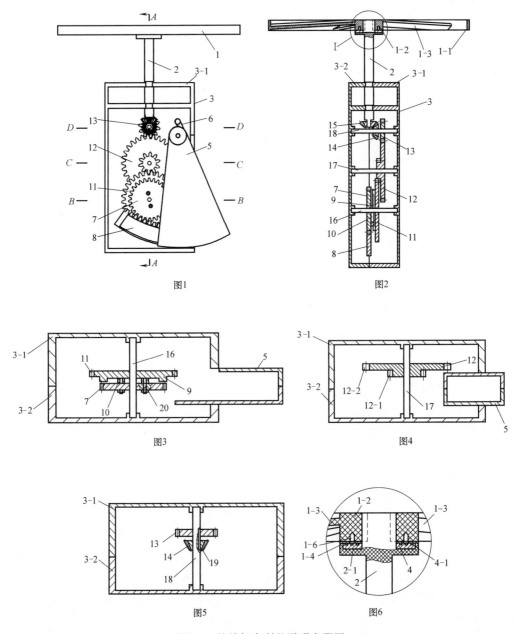

图 7-3　竹蜻蜓专利的说明书附图

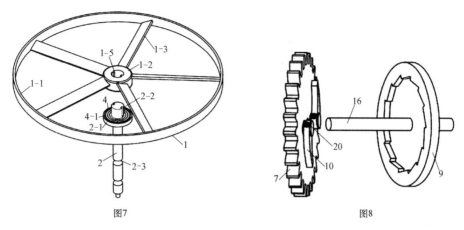

图7 图8

图7-3 竹蜻蜓专利的说明书附图（续）

1—螺旋飞盘　2—中心轴　3—手柄　4—永久磁铁　5—摇杆　6—橡皮筋　7—第一圆柱齿轮
8—弧形齿条　9—棘轮　10—棘爪　11—第二圆柱齿轮　12—双联圆柱齿轮　13—第三圆柱齿轮
14—主动锥齿轮　15—被动锥齿轮　16—第一支承轴　17—第二支承轴　18—第三支承轴
19—平键　20—连接销

（7）说明书摘要　本发明涉及一种改进型竹蜻蜓，该竹蜻蜓包括螺旋飞盘、中心轴、手柄和设在手柄内的驱动装置。其特征在于，所述螺旋飞盘的中心连接体套设在所述中心轴的上部，二者之间为动配合并采用对插式连接传动；所述中心连接体的下端面固定有环形铁片，该环形铁片所在位置的中心轴上固定有环形永久磁铁，所述螺旋飞盘承托在该环形永久磁铁上；所述驱动装置由摇杆机构、齿轮齿条机构、棘轮机构、齿轮增速机构和齿轮变向机构组成。本发明所述竹蜻蜓不但玩起来十分轻松便利，而且飞得高，趣味性强。

（8）摘要附图　摘要附图如图7-4所示。

7.3.3 权利要求书的撰写

1. 权利要求书的作用

权利要求书是说明要求专利保护范围的专利申请文件。专利的保护范围以被批准的权利要求为内容。判定他人是否侵权，也以权利要求的内容为依据。因此，权利要求书是专利申请文件的核心。权利要求书具有如下作用：①以说明书为依据，说明要求专利保护的范围；②将原始权利要求书作为修改专利申请或专利的依据；③作为授权后解释专利权保护范围的法律依据。

2. 权利要求的类型及撰写要求

（1）权利要求的类型

1）按性质划分，有产品权利要求（物的权利要求）和方法权利要求（活动的权利要求）。

2）按撰写形式划分，有独立权利要求（表达基本技术方案）、从属权利要求（表达优选技术方案）、产品权利要求、物的权利要求（物包括

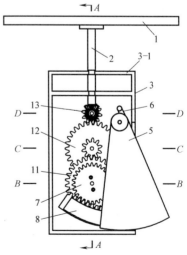

图7-4 竹蜻蜓专利
的摘要附图

人类技术生产的物：物品、物质、材料、工具、装置、设备、仪器、部件、元件、线路、合金、涂料、水泥、玻璃、组合物、化合物、药物制剂、基因等）。

（2）权利要求书的撰写要求

1）应说明发明或实用新型的技术特征，清楚和简要地表述请求保护的范围。有几项权利要求的，应用阿拉伯数字按顺序编号，使用的科技术语应与说明书一致，不得有插图。

2）独立权利要求应当从整体上反映发明或实用新型的主要技术内容，记载构成发明或实用新型的必要技术特征。除发明或实用新型的性质需用其他方式表达外，独立权利要求应当先写前序部分，说明发明或实用新型所属技术领域以及现有技术中与其密切相关的技术特征；再写特征部分，说明发明或实用新型的技术特征。一项发明或实用新型应只有一个独立权利要求，并写在同一发明或实用新型的从属权利要求之前。

3）引用一项或几项权利要求的从属权利要求，只能引用在前的权利要求。除发明或实用新型的性质需要用其他方式表达外，从属权利要求应先写引用部分，写明被引用的权利要求编号，可能时把编号写在首句；再写特征部分，写明技术特征，对引用部分的技术特征做进一步限定。

① 独立权利要求的写法。按"前序部分+特征部分"的方式撰写。前序部分：主题名称+与最接近的现有技术共有的必要技术特征；特征部分："其特征是……"或者类似用语+区别于现有技术的必要技术特征。

② 从属权利要求的写法。按"引用部分+限定部分"的方式撰写。引用部分：写明引用的权利要求的编号及其主题名称；限定部分：写明发明或实用新型的附加技术特征。

3. 权利要求书案例

1）一种改进型竹蜻蜓，该竹蜻蜓包括螺旋飞盘、中心轴、手柄和设在手柄内的驱动装置。其特征在于：

所述螺旋飞盘的中心连接体套设在所述中心轴的上部，二者之间为动配合并采用对插式连接传动；所述中心连接体的下端面固定有环形铁片，该环形铁片所在位置的中心轴上固定有环形永久磁铁，所述螺旋飞盘承托在该环形永久磁铁上。

所述手柄为盒状，并由第一半盒体和第二半盒体扣合构成。

所述驱动装置由摇杆机构、齿轮齿条机构、棘轮机构、齿轮增速机构和齿轮变向机构组成。其中，

所述摇杆机构由摇杆和橡皮筋（弹性复位元件）组成。

所述齿轮齿条机构由相互啮合的第一圆柱齿轮和弧形齿条组成。

所述棘轮机构由棘轮和棘爪组成。

所述齿轮增速机构由第二圆柱齿轮、双联圆柱齿轮和第三圆柱齿轮依次啮合组成。

所述齿轮变向机构由一对锥齿轮组成90°变向机构。

所述手柄内自下而上依次横向设有第一支承轴、第二支承轴和第三支承轴，所述第一圆柱齿轮、棘轮和第二圆柱齿轮依次空套在第一支承轴上；所述双联圆柱齿轮空套在第二支承轴上；所述第三圆柱齿轮与所述齿轮变向机构中的主动锥齿轮固定在第三支承轴上；其中所述的棘轮和第二圆柱齿轮连成一体。

所述摇杆的上头铰接在组成手柄的第一半盒体内壁的上部，下头延伸至第一圆柱齿轮一侧的下部；所述橡皮筋一头固定在第一半盒体的内壁上，另一头固定在摇杆的侧面，使所述

摇杆始终远离第一圆柱齿轮。

所述弧形齿条一头固定在所述摇杆的下头, 另一头伸至第一圆柱齿轮下方并与之啮合。

所述棘爪铰接在第一圆柱齿轮与所述棘轮相对的侧面。

所述中心轴由手柄的上头伸进所述手柄内, 中部支承在所述手柄上, 下头与所述齿轮变向机构中的被动锥齿轮同轴固定在一起。

2) 根据权利要求1) 所述的一种改进型竹蜻蜓, 其特征在于, 所述环形永久磁铁与环形铁片接触的上面设有环形储油沟槽。

7.4 专利信息及其利用

问题与思考

专利信息有哪些? 专利信息有哪些作用? 专利信息如何检索?

1. 专利信息

专利文献中包含着大量专利的法律、技术、经济、工业等方面的情报, 称为专利信息。

法律情报是有关构成专利技术的法律内容的情报, 包括一项专利申请是否获得专利权, 一项专利的权利范围、地域效力、时间效力、权利人等。

技术情报是有关申请专利的发明创造技术内容的情报, 包括某一技术领域内的新发明创造; 某一特定技术的发展历史; 某一技术关键的解决方案 (如产品、设备、方法); 一项申请专利的发明创造出的所属技术领域、技术主题的内容提要。

经济情报也称商业情报, 是与专利技术的经济市场及技术本身的价值有关的情报, 包括一项专利技术的经济市场范围、一项发明创造的技术价值等。

工业情报是与工业企业拥有专利技术情况有关的情报, 包括某工业企业的专利技术拥有量、研究动向等。

2. 专利文献

作为公开出版物的专利文献主要有专利申请说明书、专利说明书、实用新型说明书、工业品外观设计说明书、专利公报、专利索引等。专利文献的载体包括纸载体、缩微品载体、光盘载体与互联网载体。

3. 专利文献的作用

1) 专利文献是科学技术的宝库。它融技术、法律和经济信息于一体, 是各单位、各部门领导了解和掌握国内外技术发展现状, 从而进行技术预测和做出科学决策的依据; 是科研和工程技术人员进行课题研究、解决技术难题所不可缺少的工具; 是发明人寻找技术资料, 不断做出新的发明创造的源泉。

2) 在技术贸易中, 专利文献可用于了解专利技术的法律状态; 在技术和市场竞争中, 专利文献可用于判定侵权行为; 在申报国家专利文献时, 了解和监视同领域竞争对手的情况, 开发适销对路的新产品。

3) 专利文献可以为国家经济建设服务, 为各单位增加竞争力和发展活力服务。

4. 专利信息检索的作用

通过专利信息检索, 可以达到以下目的: ①了解有关产品或技术的最新发展情况; ②引发创新意念；③确定申请人研究发展部门的最新产品或技术是否可获得专利；④能不断地了解目标公司或竞争者的研究发展动向；⑤避免无意中侵犯了受保护的产品。

专利信息检索的途径有很多种，其中互联网查询较为方便，中国专利检索网址为 http://www.pss-system.gov.cn/sipopublicsearch/portal/uiIndex.shtml。

5. 专利检索方案

1）主题检索。包括对某一种产品创意、技术领域或生产程序的检索，可采用功能导向搜索方法进行检索。

2）公司（或专利权人）检索。通过检索，可确定拥有专利权公司的名称和资料。

3）相关专利检索。在国际市场上具备潜力的新产品或新技术，通常会申请在全世界多国范围内有效的专利登记。相关专利检索可以得到在其他国家中类似的专利登记信息。

4）专利法律状态检索。可向各专利局查明每一项发明的法律状态，包括专利权利有效、终止、视为撤回等。

5）可通过发明人检索、新颖性检索、现有技术检索及申请号码检索。

6）可定制专业的专利信息数据库。

7.5　专利实施

 问题与思考

专利实施有哪些方式？

一般来说，申请专利的目的是获得专利权，而获得专利权的最终目的是占领市场。申请和维持一项专利是需要一定费用的，因此，申请人自申请专利后，特别是获得专利权后，就应当积极地争取尽早实施专利。目前来说，专利实施的主要方式有以下几种。

1. 专利权人自行实施其专利

自行实施是指专利权人自己制造、使用、销售其专利产品或使用其专利方法。

2. 许可他人实施

专利权人除自己实施其专利外，还可以通过签订专利许可合同，允许他人有条件地、有偿地实施其专利。通过签订专利许可合同而进行的交易，称为专利许可交易或专利许可证贸易。按许可权限大小不同，许可方式一般可分为下列五种：

（1）独占许可　独占许可是指许可方允许被许可方在一定期限、一定地域内享有单独实施其专利的权利，许可方不能再自行实施或允许第三方实施其专利。

（2）独家许可　独家许可又称排他许可，是指许可方就某项专利技术允许被许可方在一定时间和一定地域内独家实施其专利，而许可方仍保留自行实施的权利，但不能再允许任何第三方在该期限、该地域内实施该专利。

（3）普通许可　普通许可是指许可方允许被许可方在规定时间和地区使用某项专利技术，而许可方仍然可以自行实施或再许可第三方等多方面实施。

（4）交叉许可　交叉许可是指双方以价值相当的专利技术互惠许可实施，即当事人双方均允许对方使用各自的专利技术。

（5）分许可　分许可是指许可方同意在许可合同上明文规定被许可方在规定的时间和

地区实施其专利的同时，被许可方还可以以自己的名义，再允许第三方使用该专利。被许可方应从第三方支付的使用费中，支付一定数额的使用费给许可方。

3. 转让专利

专利申请权或专利权的所有人（转让方）可以通过与接受方（受让方）签订专利申请权或专利权转让合同，将专利申请权或专利权转让给受让方。双方应该签订书面合同，并向国家知识产权局专利局登记，由国家知识产权局专利局予以公告。专利申请权或专利权的转让自登记三日起生效。

一般来说，专利权人在考虑实施其专利时，应该根据当时的实际情况，包括专利技术的成熟程度、市场预期、自身的条件等，综合考虑采用哪种方式。在签订合同时，应采用国家规范的文本，或咨询专业人士，以避免因合同规定不完善而导致日后出现纠纷。各地知识产权局均可提供国家知识产权局统一制定的规范文本，并指导当事人进行合同的签订。

7.6 专利侵权与专利规避设计

问题与思考

专利侵权怎么判断？如何规避专利？如何进行专利规避设计？

7.6.1 专利侵权及其判定原则

专利侵权是指未经专利权人许可，以生产经营为目的，实施了依法受保护的有效专利的违法行为。可以通过以下原则进行专利侵权判断。

1. 全面覆盖原则

全面覆盖原则是专利侵权判断中一项最基本的原则，也是首要原则。

所谓全面覆盖原则（又称全部技术特征覆盖原则或字面侵权原则），是指被控侵权的产品或方法（以下合称被控侵权物）的技术特征与专利的权利要求所记载的全部技术特征一一对应并且相同，或被控侵权物的技术特征在包含专利的权利要求所记载的全部技术特征的基础上，还增加了一些其他技术特征，则可认定存在侵权性质的行为。

2. 等同原则

等同原则是专利侵权判定中的一项重要原则，也是法院在判定专利侵权时使用最多的一项原则，可以说是对全面覆盖原则的一种修正。

所谓等同原则，是指被控侵权物的技术特征虽与专利的权利要求所记载的全部必要技术特征有所不同，但若该不同是非实质性的，前者只不过是以与后者基本相同的手段，实现基本相同的功能，达到基本相同的效果，并且本领域的普通技术人员无需经过创造性劳动就能够联想到的特征，即等同特征，则仍可认定存在侵权性质的行为。

3. 禁止反悔原则

禁止反悔原则是指技术方案自公开之日起，无论在权利成立过程中还是权利成立后的权利维持、侵权诉讼，都不允许对其内容做前后矛盾的差别解释。

《专利法》规定："发明或者实用新型专利权的保护范围以其权利要求的内容为准，说明书及附图可以用于解释权利要求的内容"，因而侵权判断的主要依据是权利要求书和说明书，侵权判断的主要步骤如下：

1）列特征。将被控侵权产品的所有特征及专利权利要求的全部必要技术特征一一列出。

2）将两者特征一一对应，看权利要求中的所有必要技术特征是否都被被控侵权物囊括或与被控侵权物中的对应技术特征相等同。表7-1列出了几种对比的情况。

表 7-1　技术特征对比表

序号	专利权利要求中包含的技术特征	被控侵权产品中的技术特征	是否侵权
1	a、b、c	a、b、c	√
2	a、b、c	a、b、c、d	√
3	a、b、c	a、b、c′	√
4	a、b、c	a、b	×
5	a、b、c	a、b、c+	×

注：c′是对特征c有简单改进的特征，c+是对特征c有创新改进的特征。

7.6.2　专利规避设计

专利规避设计是指为规避专利保护范围来修改现有技术方案设计，在设计思路上注重于如何利用不同的构造来达成相同的功能，避免触犯他人权利。

1. 专利规避原则

专利规避最初的目的是从法律的角度来绕开某项专利的保护范围以避免专利权人进行侵权诉讼。专利规避是企业进行市场竞争的合法行为。随着专利纠纷案件的不断积累，总结与归纳出了相应的组件规避原则，主要是从删除、替换、更改以及语义描述的变化等方面进行专利规避。实际应用中，专利规避设计可遵循以下三个原则：

1）减少组件数量，以避免全面覆盖原则。

2）使用替代的方法使被告主体不同于权利要求中指出的技术，以防止字面侵权。

3）从方法（或功能、结果）上对构成要件进行实质性改变，以避免侵犯等同原则。

专利规避设计原则是从侵权判断的角度进行分析，根据权利要求书分析专利的必要技术特征，对其进行删减和替代，以减少侵权的可能性。专利规避设计原则是宏观层面上的指导方针，对设计人员来说，需要具体可以实施的过程来详细指导如何在现有专利技术基础上进行重组和替代，开发出新的技术方案绕开现有专利的保护范围。功能裁剪作为有效的分析工具能够指导设计人员进行技术分析，并结合专利规避设计原则选择合理的技术进行删除或替代，从根本上突破现有专利的技术垄断。

2. 专利规避设计的思路

专利规避设计的依据是相应的专利分析。通过专利分析了解竞争者的专利布局，从中寻找自身可以发展的市场；同时通过专利分析，对专利技术方案进行详细解读，从中研究得到可以替代的方案。有以下五种实施思路：

（1）仅借鉴专利文件中技术问题的规避设计　通过专利文件了解新产品的性能指标或技术方案解决的技术问题，针对该技术问题进行创新设计。

（2）借鉴专利文件中背景技术的规避设计　分析其技术背景，创造出不侵犯该专利权的设计方案。

（3）借鉴专利文件中发明内容和具体实施方案的规避设计　一方面，寻找该权利要求的概括疏漏，如可以实现发明目的，却未在权利要求中加以概括保护的实施例或相应变形进行创新设计；另一方面，可以通过应用发明内容中提到的技术原理、理论基础或发明思路，创造出不同于该权利要求保护的技术方案。

（4）借鉴专利审查相关文件的规避设计 依据禁止反悔原则，权利人不得在诉讼中，对其答复审查意见过程中所做的限制性解释和放弃的部分反悔，而这些很有可能就是可以实现发明目的，但又被排除在保护范围之外的技术方案。通过查询文件，发现规避设计的机会。

（5）借鉴专利权利要求的规避设计 弄清该权利要求采用的与专利相近的技术方案，而默认至少一个技术特征，或有至少一个必要技术特征与权利要求不同。这是最常见的规避设计，也是与专利保护范围最接近的规避设计。

1）减少独立权利要求中至少一个必要技术特征。例如，原权利要求的必要技术特征为"ABC"，有效的规避设计为"AB""AC"或"BC"。

2）替换独立权利要求中至少一个必要技术特征。例如，原权利要求的必要技术特征为"ABC"，替换技术不是普通专业人员能很容易想到的，有效果的规避设计为"ABD""AEC""FBC""ADE""DBE""DEC"。

3. 专利规避设计的流程

成功的专利规避设计，必须以充分了解国内外专利信息情报为基础，应确定待规避的专利是否已经失效；如果仍有效，保护期限还有多长。如果待规避专利快到期了，就没有必要花精力进行规避设计，可能规避设计的产品还没有研发出来，待规避的专利就已经到期了。在核实专利有效的前提下，专利规避设计的大体步骤如下：

1）需要对已有专利技术进行分析，明确其保护范围。搞清所要规避的专利保护范围的大小，找出其保护范围最宽的权项进行分析，确认该权利要求字面的真实含义，以及其等同物的范围。这就需要对专利权请求书、说明书、附图等文件进行详细阅读，并结合说明书和相关审查过程中的往来文件，了解相关技术内容。

2）经过对专利技术文件的分析理解之后，可以整理出所要规避的最宽专利权利要求包含的几个必要技术特征，建立一个比对基准，并根据此基准进行规避设计。值得注意的是，这种技术特征的比对不仅仅是字面上的，还应考虑其等同物。

3）利用侵权判定原则中提到的"全面覆盖原则""等同原则"来检验将来的规避设计是否满足底限要求。若规避设计方案不包括整理出来的所有必要技术特征，则在专利侵权判定中不会被判为侵权，就可以认为满足了这一底线。

4. 专利规避设计实例

苹果公司的触摸屏解锁是一项重要专利，该专利的中国申请专利号为CN200680052770.4，有很多知名企业也做过一些类似规避设计，其中有的实现效果较差，有的规避设计仍有侵犯该专利的嫌疑。在规避设计前需要仔细研究该专利，掌握其独立权利要求的全部必要技术特征，该专利有多个独立权利要求，几十个从属权利要求，从不同角度进行了保护。下面通过苹果公司在 iPhone 上的应用界面对其进行简要说明，并在此基础上进行规避设计。

图 7-5a 所示为解锁的初始界面，用手触摸移动解锁滑块至通道的最右端，如图 7-5b 所示，即完成解锁过程。该专利实现起来看似很简单，也很实用。现在的规避设计大多也是采用在屏幕上移动触摸的方式，这些规避设计难免仍有落入该专利保护范围之嫌。因此，需要改变解锁方式，不能继续沿用滑动解锁方式。

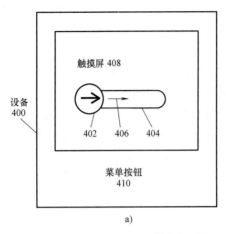
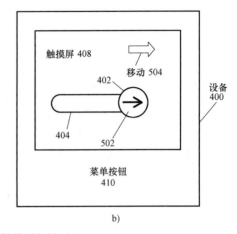

图 7-5　iPhone 触摸屏解锁过程

图 7-6 所示为规避设计后的解锁方式，把图 7-5a、图 7-5b 中的滑块换成解锁按钮，解锁按钮排列在解锁通道上，可以分别顺次点击解锁按钮 1、按钮 2、按钮 3、按钮 4（或其他按钮）来实现解锁功能；也可以用手在不离开触摸屏的情况下，依次从按钮 1、按钮 2、按钮 3、按钮 4 上滑动来实现解锁功能，被点击或触摸过的地方在一定时间内颜色会变暗。该规避设计与苹果公司的触摸屏解锁专利技术实现的效果基本一致，但这种点击按钮的解锁方式与原来的滑动解锁方式完全不同，不侵犯其专利，能够规避原来的专利。

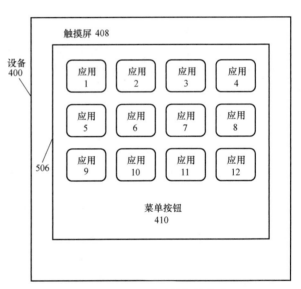

图 7-6　规避设计后的解锁方式

 练一练

1. 试说明专利的类型及各自的区别。
2. 试说明专利授权的条件和专利申请的作用。
3. 试给出专利申请的流程，以及专利申请文件的要求。
4. 试针对日常用品（如牙刷、肥皂盒、充电器等），给出完整的改进方案，并撰写专利说明书与权利要求、说明书摘要等专利申请文件。
5. 试对教室用品（如黑板擦、讲台、电扇、课桌等）进行创新，提出完整的改进方案，并撰写专利说明书与权利要求、说明书摘要等专利申请文件。
6. 试说明专利侵权原则与规避设计的步骤。
7. 在国家知识产权局主网上查找一项家用产品的专利，并对该专利进行规避设计，撰写相应的专利申请文件。

第8章
创新与发明案例

内容摘要：

在了解创新发明方法的基础上，需要多实践。本章给出了一些创新发明实例，供大家学习参考，也需要大家多动手实践，这样才能设计出更多更有创意的产品并申请专利，以及实施产业化。

8.1 吉他挂饰椅的设计

1. 应用背景

椅子是日常生活中必备的家具，大多数椅子呈现固定形态，需要占据一定的空间，如图8-1所示。而对于拥挤的空间，如学校的学生宿舍、工厂的员工宿舍等，需要椅子在用时占据一定空间，而在不用时能够减少空间的占用，于是出现了如图8-2所示的折叠椅。折叠椅虽然缓解了对居室空间的需求，但在不用时还是面临如何存放的问题，特别是对于如图8-3所示的比较狭小的宿舍空间，如何解决折叠后椅子的存放问题成为一大难题，因此有必要进行椅子创新设计。

图 8-1　固定形态的椅子

图 8-2　折叠椅

2. 问题识别

现有的折叠椅产品很多，进行创新设计时面临的矛盾问题是，椅子折叠后应如何摆放，才能既不占用地面空间，不对居室环境产生破坏，又能保证需要时可以快速打开使用。

对于矛盾问题，可以采用可拓创新方法中的不相容问题求解方法求解，也可以采用TRIZ的矛盾求解工具进行求解。这里采用不相容问题求解方法求解，建立此不相容问题的矛盾模型：$P = G * L$，其中的目标事元与条件物元分别见表8-1和表8-2。

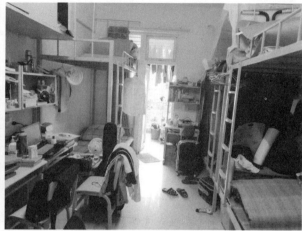

图 8-3　狭小的宿舍空间

表 8-1　目标事元

动　词	特　征	量　值
占用 G	施动对象	椅子
	支配对象	地面空间
	程度	少

表 8-2　条件物元

物	特征	量值
地面 L	面积	$10m^2$

3. 问题分析

根据上述不相容问题模型，对条件物元进行发散分析，可以采用相关网发散分析，见表 8-3。

表 8-3　地面的相关网

对象	特征	量值	相关	对象	特征	量值
地面 L	面积	$10m^2$	∽	墙面 A	面积	$55m^2$
				天花板 D	面积	$10m^2$

　　从表 8-3 中看出，可以利用墙面面积，但椅子直接挂在墙面上并不美观，因而需要对椅子折叠后的形状进行发散分析，可以拓展出很多形状，如动物形状、植物形状、乐器形状、文具形状等。这里选择乐器形状，具体选择吉他形状，即椅子折叠后为吉他形状，如图 8-4 所示。

4. 问题求解

　　确定吉他挂饰椅方案后，需要将挂饰椅方案改造成折叠的椅子，以便执行坐和装饰的功能，这里使用 TRIZ 的小矮人法建立折叠方案。根据小矮人法的分析流程，先建立原系统的小矮人模型，将吉他分为琴头、琴颈、共鸣腔三大部分，由两群小矮人（琴头与琴颈合为一群）构成。而后发挥小矮人的主观能动性，共鸣腔部分小矮人群分

图 8-4　吉他挂
饰椅方案

层，两层间可以相互转动，并由琴颈小矮人群与共鸣腔小矮人群的部分小矮人组成一个支脚，建立初步的折叠方案，如图8-5所示。

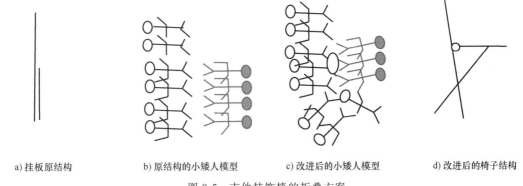

a) 挂板原结构　　b) 原结构的小矮人模型　　c) 改进后的小矮人模型　　d) 改进后的椅子结构

图8-5　吉他挂饰椅的折叠方案

根据小矮人法的思路，进一步变换求解，得到如下三种方案。

（1）方案1　根据上述发明原理的分析，吉他实体共鸣腔背面分割实现椅子的折叠机构，正面保留吉他（琴头与琴颈、共鸣腔）的外貌和特征，在保证美观性的同时又实现了椅子的功能，如图8-6所示。

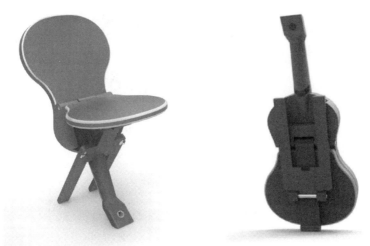

图8-6　方案1效果图

（2）方案2　将椅子的各部分折叠机构藏于吉他内部，便于携带和摆放，但它的机构相对复杂，靠背不舒适，如图8-7所示。

（3）方案3　仅将琴颈折叠，共鸣腔背部分割出四个支脚，另外琴颈部分设置荧光粉，以便在黑暗处显示，避免人们碰到，但靠背不舒适，如图8-8所示。

5. 方案评价与具体设计

按照理想度方法对上述三种方案进行评价。经调查（具体过程略），方案1的理想度最高，故采用方案1进行具体设计，设计中出现了以下问题。

（1）矛盾分析　吉他挂饰椅在具体设计中出现了一些矛盾问题，主要表现为椅子可靠性与折叠部分尺寸的矛盾，挂饰功能协调（产生不美观的效果）与支脚宽度（影响椅子的

图 8-7　方案 2 效果图

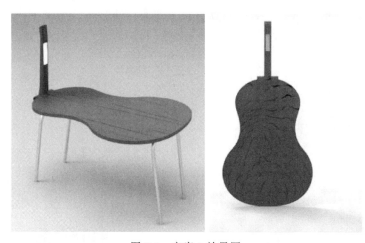

图 8-8　方案 3 效果图

受力）的矛盾，见表 8-4。针对这些矛盾，先采用标准参数进行描述，查询表 4-14 中的标准工程参数，吉他挂饰椅面临的矛盾为：运动物体的长度（No.3）/可靠性（No.27）；力（No.10）/物体产生的有害因素（No.31）。

表 8-4　冲突参数标准化

编号	冲突	冲突的标准化描述
1	椅子可靠性与折叠部分尺寸的矛盾	可靠性（No.27）/运动物体的长度（No.3）
2	挂饰功能协调（产生不美观的效果）与支脚宽度（影响椅子的受力）的矛盾	物体产生的有害因素（No.31）/力（No.10）

　　根据上述 TRIZ 标准工程参数，查询经典的 TRIZ 矛盾矩阵，得到推荐的发明技巧为：15（一静不如一动）、14（毁方投圆）、9（先发制人）、4（错落不齐）（这四个技巧对应第一个矛盾）；35（随机应变）、40（相辅相成）、1（化整为零）、28（李代桃僵）（这四个技巧对应第二个矛盾），见表 8-5。综合分析这些推荐的发明原理，选取 15、4、14、1、28 五个技巧对这两个矛盾进行求解。

表 8-5　矛盾矩阵简表

	1、2	3	4~9	10	11~39
1~26					
27		15,9,14,4			
28~30					
31				35,28,1,40	
32~39					

　　根据 15（一静不如一动）、14（毁方投圆）、4（错落不齐）、1（化整为零）、28（李代桃僵）五个发明技巧，得出的是：①支脚做成可滑移的，这样展开成椅子时不影响结构稳定性，折叠后支脚滑移到吉他主体面的背后，不影响美观；②融入吉他样式元素，设置与吉他类似的曲面，增强装饰效果；③保留吉他的上下不对称性，琴头与琴颈属于细长杆部分，共鸣腔部分是扁平块部分；④将吉他装饰实体的共鸣腔部分（小矮人法也得到类似的结论）分割成两层，两层间可以相互转动，同时也分割出一个支脚，该支脚可以相对滑动；⑤滑动支脚的锁紧采用物理场，如磁场（磁铁）锁紧，如图 8-9 所示。

　　（2）基于科学效应库的挂饰椅收挂功能求解　吉他挂饰椅在不使用时可挂在墙上做装饰品，但在墙上钉钉子还是会影响墙面的美观，而且钉子是突起物，有安全隐患。怎么解决这个问题呢？这里采用 TRIZ 的科学效应库进行求解。通过查阅科学效应库，利用磁场效应（E13），在墙上预先贴一块铁片，吉他挂饰椅的一端镶嵌一块磁铁（图 8-10），这样就可以将挂饰椅轻松地挂在墙上，而且不会破坏墙面的美观。

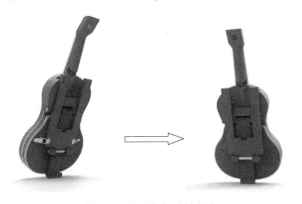

图 8-9　滑动支脚磁铁锁紧

图 8-10　磁铁挂钩

8.2　黑板擦的创新设计

1. 应用背景

　　黑板擦是教师教学时必不可少的用具。其作用主要是擦除黑板上粉笔遗留下的粉尘，为教师教学提供一个空白的书写条件。但是，传统黑板擦的毛布在长时间使用后会沾上大量粉尘，导致其清洁效率下降。加上弥散的粉尘对人体的呼吸系统有着严重影响，因此，设计出一款新型的自动清洁黑板擦对教师的教学活动有着积极意义。

2. 问题识别

传统黑板擦的结构如图 8-11a 所示，其结构简单，功能相对单一，产生的粉尘多。现需要针对这些问题进行改进，设计新型黑板擦，使其实现两种功能：擦除粉尘和自动清洁毛布。擦除动作主要依靠毛布与黑板之间的静摩擦力来实现，与传统设计相似。清洁动作可采用击打式或冲洗式来完成，考虑到装置的复杂性和加工成本，可以将毛布做成环状，使其通过一个水箱来完成清洗动作。拟设计的新型黑板擦原理示意图如图 8-11b 所示。

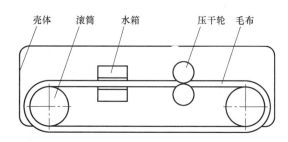

a) 传统黑板擦　　　　　　　　　b) 新型黑板擦原理示意图

图 8-11　黑板擦

图 8-11b 中存在两处明显不足：第一，通常黑板擦在使用过程中呈竖直状态，擦拭完放置在黑板搁架或课桌上时呈水平状态，图中毛布通过水箱，与水箱间存在间隙，会导致水的溢出；第二，经清洗过的毛布通过压干轮时，压出的水没有被有效的吸收装置吸收，会造成污水在壳体内的泄漏。因此，需要对该结构做进一步设计。

对于问题一，若提高毛布与水箱间的密封性，势必会增大清洗时毛布滑动的接触阻力，不利于传动。同时，由于毛布不是刚体，其间隙也不易控制。对于问题二，可以将压干轮布置在壳体内，这样可以将压出的多余水分存储起来，但同时又会存在问题一的密封性问题。总之，两问题的实质均为装置的密封性能与接触阻力之间的矛盾。

3. 问题分析

对于此矛盾问题，拟达到的目的是减少水箱中水的流失，增加装置的密封性后，造成的不利影响是毛布的传动阻力增大。用标准工程技术参数描述，拟改善的技术参数为物质损失（No.23）；导致恶化的技术参数为力（No.10）。

4. 问题求解

根据上述提取的矛盾参数，查矛盾矩阵表，其推荐的发明技巧为 14（毁方投圆）、15（一静不如一动）、18（天撼地动）、40（相辅相成）。经过初步分析，选用发明技巧 15 和 40。

发明技巧 15：①改变物体的性质或外部环境，使其在工作的每一阶段都达到最佳效果；②将物体分成彼此相对移动的几个部分；③使不动的物体成为动的。

由此可以得到启示：将水箱分割成相互独立的上下两部分，并在毛布上方的水箱中蓄水，其底部开有若干小孔，小孔的开闭由一控制阀控制，只在清洗时打开小孔，让一定量的水与毛布接触；在擦拭过程中小孔呈关闭状态，实现了对水量的动态控制。此过程将清洗与擦拭过程进行了分离，同时也有效地保障了压干轮的工作效率。

发明技巧 40：由同种材料转为复合材料。由此技巧可以得到启示，用一种特殊的材料填充毛布与水箱的接触间隙，该材料具有与毛布相对运动时摩擦阻力系数小、保水性能高的特点。

同时，技术矛盾与物理矛盾间可以相互转化，该问题是既要减小毛布与水箱间的间隙，保证水不外流，又要增大毛布与水箱间的间隙，使毛布滚动顺畅。即构成了毛布与水箱间的间隙既要大又要小的矛盾。这样便转化成了物理矛盾。

运用分离原理，并结合相应的发明技巧来解决该矛盾。这里可采用空间分离原理，将矛盾双方在不同的空间上分离开来，对应有 10 条发明技巧。经分析，可采用 3（天圆地方）和 13（倒行逆施）来解决该矛盾。

发明技巧 13：①用相反的作用代替技术条件规定的作用；②使物体或外部介质的活动部分成为不动的，而使不动的成为可动的；③将物体颠倒。本问题中，原有的思维方式是减小毛布与水箱之间的间隙，避免水的外溢。反过来，可考虑增大两者之间的间隙，将水箱分割成上下相互独立的两部分。

发明技巧 3：①将物体、外部环境或作用的均匀结构改变为不均匀结构；②使物体的不同部分具有不同的功能；③使物体的各部分处于完成其功能的最佳状态。由此得到启发，可将位于毛布下方的水箱用吸水材料替代，其作用是吸收从上方水箱清洗毛布过程中产生的多余水分。

5. 方案评价

综合以上各创新原理产生的创新方案，可得到一个最终的解决方案（图 8-12）：将水箱 4 布置在毛布 6 的上方，使其与壳体 1 固连。水箱上部开有透明的观察孔和注水孔，可实时观察水箱中的水量；其下部开有若干小孔，在其顶部设有一个旋钮开关 3，用于控制小孔的开闭。在水箱下面距离合适处对称布置两组压干轮 5，其作用在于使分布在毛布上的粉尘弥散和压干毛布上的多余水分。在毛布下方的搁架 9 上放置一种吸水材料 10，用于吸收压干轮压出的多余水分。搁架 9 与壳体 1 固连在一起。为了防止毛布因使用时间过长而导致的松弛现象，可在搁架 9 下面布置若干个小滚筒 11 来达到压紧的效果。

该黑板擦的擦拭与清洗过程是分开进行的。在擦拭时，由于毛布与黑板成一定的倾斜角度，因此不会导致毛布过多滚动的现象。此时，水箱底部的小孔呈闭合状态。当毛布需要清洗时，打开旋钮开关 3，用力压动放置在水平讲台上的黑板擦，使其在水平面上来回滚动几次。此时，压干轮 5 的主要作用是使毛布上的粉尘弥散，以提高其清洁效率。关闭旋钮开关 3 后，使黑板擦再在桌面上滚动几次，此时压干轮 5 的作用是压干毛布，这样便达到了自动清洁的功能。最终设计的新型黑板擦的结构原理图和实体如图 8-12 所示。

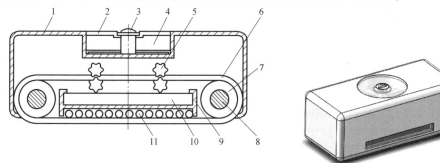

图 8-12　新型自动清洗黑板擦的结构与实物图

1—壳体　2—观察板（透明）　3—旋钮开关　4—水箱　5—压干轮　6—毛布　7—固定滚筒　8—安装轴
9—搁架（与壳体连接）　10—吸水材料　11—小滚筒

8.3 多用直尺的创新设计

1. 应用背景

直尺、三角板、量角器等绘图工具是学生学习几何或绘图知识的必备工具。目前学生所使用的大多是 4 件套的直尺套装，如图 8-13 所示，包括直尺、45°三角板、60°三角板和量角器，每种工具的功能单一，在不同场合下需要使用不同的尺子，给学生绘图带来了极大的不便；而且成套的尺子占用空间大，材料消耗多。因此，具有多功能的直尺将受到学生的欢迎。

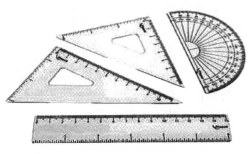

图 8-13　直尺套装

2. 问题识别

综上可知，这里是不相容问题，即目标（多功能）与条件（占空间小）的矛盾，采用不相容问题求解方法求解，建立此不相容问题的矛盾模型：$P = G * L$，其中的目标事元与条件物元分别见表 8-6 和表 8-7。

表 8-6　目标事元

动　　词	特　征	量　　值
	施动对象	直尺
占用 G	支配对象	空间
	程度	少

表 8-7　条件物元

物	特征	量值
直尺 L	面积	0.004m^2

3. 问题分析

上述目标与条件的矛盾，可以转化为技术矛盾，即静止物体的面积（No.6）与适应性（No.35）的矛盾。

4. 问题求解

根据上面的分析，查询矛盾矩阵表，推荐的发明技巧为 15（一静不如一动）、16（多退少补），对照本问题，采用发明技巧 15。

发明技巧 15 的措施：①改变物体的性质或外部环境，使其在工作的每一阶段都达到最佳效果；②将物体分成彼此相对移动的几个部分；③使不动的物体成为动的。

根据这个技巧的启示，本设计以直尺为基础，将直尺改为可以调整的结构，将其分为两段，中间铰接，一端包含 45°三角板，另一端包含 60°三角板，这样就可以直接在两端画三角形。两段铰接处有量角的刻度，这两段可以做成一定的夹角（角度可以调整），这样可以绘制角度，如图 8-14 所示。

也可以采用其他折叠方式，建立如图 8-15 所示的另外一种多用直尺方案。

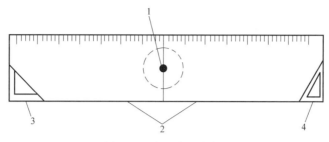

图 8-14 多用直尺方案 1

1—旋转轴 2—尺身 3—45°三角板 4—60°三角板

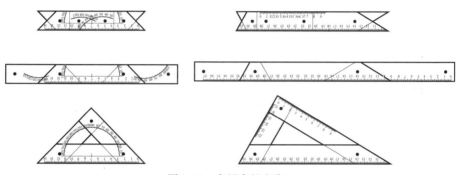

图 8-15 多用直尺方案 2

5. 方案评价

综合上述方案,经过比较(或者按前面的定量评价方法进行定量评价)后选用方案 1,模型如图 8-16 所示。该结构尺身之间通过旋转轴连接起来,闲置的时候可以将尺身通过旋转重合放到收纳盒中,达到节省空间的目的。在尺身的两端分别有 45°和 60°的开口,可代替平时常用的 45°和 60°的三角板。

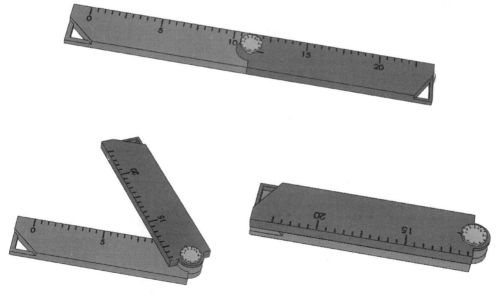

图 8-16 多用直尺模型

8.4 往复运动机构的创新设计

1. 应用背景

直线往复运动能够执行推拉、升降、进给等功能，在机器中发挥着重要作用。实现往复运动的机构很多，如曲柄滑块机构、凸轮机构、齿轮齿条机构、螺旋机构等（图 8-17）及它们的组合机构。

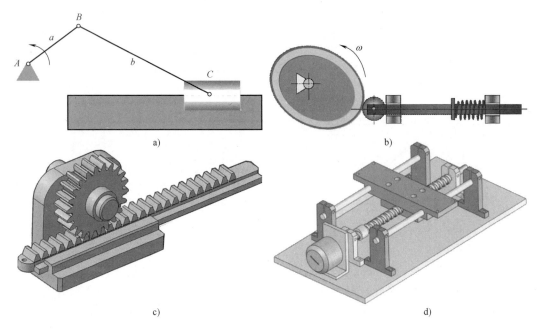

图 8-17 常见的往复运动机构

其中，齿轮齿条机构的往复运动精度高，但齿条的往复运动需要由电动机的正反转控制，对电动机有损害，需要设计一种让电动机连续转动，而让齿条往复运动的齿轮齿条机构。

2. 问题识别

针对上述设计要求，面临的问题是，传统的齿轮齿条机构的电动机需要正反转才能使齿条往复运动，而为了保护电动机，不希望电动机正反转，故这是一个既要正反转又不要正反转的矛盾问题。

3. 问题分析

分析上述矛盾问题，其实质是物理矛盾，即对电动机的转向提出了完全相反的要求。

4. 问题求解

针对这个物理矛盾，采用系统级别的分离原理来求解，即整体上，电动机是连续绕同一个方向转动，而在齿轮结构或齿条结构上进行变换，来实现齿轮连续转动而齿条往复运动，图 8-18 列出了几种这样的方案。

5. 方案评价

综合上述方案，以复杂程度和制造难度为评价指标进行对比分析，选用两个非完全齿轮

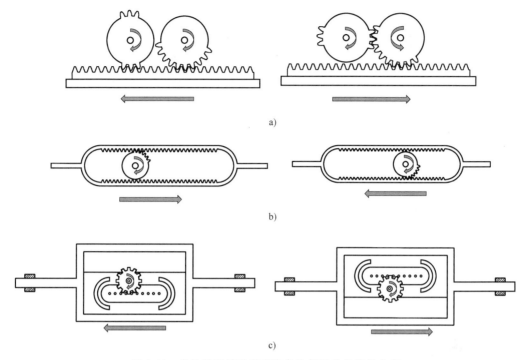

a)

b)

c)

图 8-18　齿轮连续转动实现齿条往复运动的机构方案

与齿条组合的方案，如图 8-19 所示。左边的不完全齿轮是原动件，与另一个不完全齿轮和齿条均可进行啮合，主动不完全齿轮先与齿条啮合，使得齿条向左运动，然后与从动不完全齿轮啮合，此时沿逆时针方向转动从动不完全齿轮带动齿条向右运动，达到左右往复运动的目的。

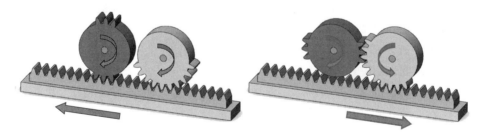

图 8-19　新型齿轮齿条机构

8.5　提高流体研磨效果的方案设计

1. 应用背景

流体研磨是一项新的研磨技术，它是依靠流体带动磨粒不停地撞击工件，使工件表面产生微小变形，从而达到磨削的目的。由于流体研磨具有很好的可循环性，且控制性能较好，装置相对简单可靠，因此，流体研磨机的研制是近年来微磨削研究的热点之一。但是，它也存在一些问题：用流体研磨机对被加工物体进行研磨时，需要向试件不停地喷射流体；相比其他研磨技术，耗时较长，电动机消耗的功率更多，会导致其发热量增大和电动机寿命下降等问题。

2. 问题识别

这里面临的问题实质上是一个不相容问题，该问题最终实现的目标可表示为 G =（加工，支配对象，（工件，表面质量，优）），条件可表示为 L =（流体研磨机，作用时间，短）。则这个不相容问题可表示为

$P = G * L$ =（加工，支配对象，（待加工工件，表面质量，优））*（流体研磨机，作用时间，短）。

3. 问题分析

对于上述不相容问题，可以采用矛盾矩阵求解，这里抽出两组工程技术矛盾参数。矛盾1：改善的参数为电动机的能量损失（No.22）；恶化的参数为加工的可靠性（No.27）。矛盾2：改善的参数为缩短相应的加工时间（时间损失，No.25）；恶化的参数为29待加工工件的制造精度（No.29）。

对于矛盾1，查矛盾矩阵表，得到推荐的发明技巧为：11（防患未然）、10（未雨绸缪）、35（随机应变）。

"防患未然"建议：事先准备好应急措施，以补偿物体相对较低的可靠性。该技巧可用可拓法中的增加变换来实现。

"未雨绸缪"建议：对物体的全部或部分施加必要的改变，或者预先将物体安置在最方便的位置，使其可以立即发挥作用。该技巧可用分割与置换综合变换来实现。

"随机应变"建议：改变物质的物态、浓度、密度、柔度或温度等特性。该技巧可通过置换变换来实现。

综合以上三个发明技巧，给予的启示为：要实现预期的功能目标，可事先执行某种必要的改变，而它们之间的差异只在于如何划分动作及划分什么动作。对于该问题，在研磨前，对流体介质或工件进行某些必要的改变。例如，对研磨介质的黏度或磨粒粒度进行改变，或者将待加工工件加热到合适的温度，以保证其具有良好的切削性能。

对于矛盾2，查矛盾矩阵表，得到推荐的发明技巧为：24（穿针引线）、26（以假乱真）、28（李代桃僵）、18（天撼地动）。

"穿针引线"建议：依靠中介物来完成某种功能或动作。可用可拓法的增加变换来实现。

"以假乱真"建议：使用简化的廉价复制品或光学复制品替代实物。可用复制变换来实现。

"李代桃僵"建议：用光学系统、电磁系统等来代替机械系统；使用运动场代替静止场，时变场代替恒定场，结构化场代替随机场；把场和场作用与铁磁粒子组合使用。可用置换变换来实现。

"天撼地动"建议：使物体处于振动状态，或者提高振动物体的频率；用压电振动代替机械振动，或者将超声波振动与电磁场耦合。可用置换、增加的组合变换来实现。

考虑到改进成本和系统的复杂性，选用技巧26和18，受其启示，布置多个喷射口同时对工件进行喷射加工，并将其做成可以小角度扰动的形式；同时，对喷射口的大小和形状进行优化，以增大出口处磨料的流速和动能。

4. 问题求解

根据上述分析，考虑研磨机的实际结构布局，寻求其可行的变换。首先，需对流体研磨机物元 L 做分解变换。即

$$TL = \{机架, 研磨头, 传动系统, 控制系统, \cdots\} = \{L_1, L_2, L_3, L_4, \cdots\}$$

研磨头物元 L_2 可表示为

$$L_2 = \begin{bmatrix} 研磨头, & 形状, & 圆形 \\ & 大小, & v_2 \\ & 个数, & 1 个 \\ & 安装位置, & 与机架固定 \end{bmatrix}$$

根据发明技巧"以假乱真"的启示,做复制变换 T_1,使 $T_1 L_2 = \{L_{21}, L_{22}\}$,以便实现多喷头研磨。其中

$$L_{21} = \begin{bmatrix} 研磨头 1, & 形状, & v_{11} \\ & 位置, & v_{12} \end{bmatrix}, L_{22} = \begin{bmatrix} 研磨头 2, & 形状, & v_{21} \\ & 位置, & v_{22} \end{bmatrix}$$

由于喷射口的形状不同会影响出口处研磨液的流速和动能,因此,需对研磨头的形状进行比较分析。

由物元的发散性(一特征多量值)可知: $L_{21} \dashv \{L'_{21}, L''_{21}, \cdots\}$

式中, $L'_{21} = \begin{bmatrix} 研磨头, & 形状, & 三角形 \\ & 位置, & v'_{12} \end{bmatrix}$, $L''_{21} = \begin{bmatrix} 研磨头, & 形状, & 矩形 \\ & 位置, & v''_{12} \end{bmatrix}$

用事元对流体研磨机理进行表述

$$A_1 = \begin{bmatrix} 刮擦, & 支配对象, & 磨粒 \\ & 接受对象, & 待加工工件 \\ & 施动对象, & 研磨液 \end{bmatrix}$$

由蕴含规则可知
$$A_1 \Rightarrow A_2 \Rightarrow A_3$$

式中, $A_2 = \begin{bmatrix} 喷射, & 支配对象, & 研磨液 \\ & 施动对象, & 喷射口 \end{bmatrix}$, $A_3 = \begin{bmatrix} 固定, & 支配对象, & 喷射口 \\ & 施动对象, & 机架 \end{bmatrix}$

根据发明技巧"天撼动地"的启示,可做变换 T_2,使 $T_2 A_3 = A'_3$。

式中, $A'_3 = \begin{bmatrix} 扰动, & 支配对象, & 研磨头 \\ & 施动对象, & 机架 \end{bmatrix}$

根据上述分析,产生了增加研磨头与改变研磨头喷射口形状、增加扰动等改进方案。

5. 方案评价

根据物元的发散性(如一特征多量值),可对研磨头的形状、大小及数量进行发散比较,并根据作用时间、加工质量等技术人员关心的因素分配相应的权重,分别计算各方案的权值大小,通过比较选择最优的可行方案。

综合以上分析,能得到一个最终的解决方案:对待加工工件进行流体研磨时,先将其置于一定的液体溶液中加热至适当的温度,同时选用合适黏度及磨粒浓度的研磨液,对待加工工件进行预操作。并在工件上方布置两个相互垂直,即成 90°夹角的研磨头(其喷射口的大小和形状已进行优化)对工件进行喷射加工,同时使其做小角度扰动的运动,以强化研磨效果。改进后的原理如图 8-20 所示。

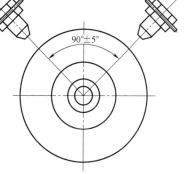

图 8-20　多喷头流体研磨机

8.6 提高吸尘器清洁效果的方案设计

1. 应用背景

吸尘器作为家用清洁工具，可以除去地面上的灰尘，保持室内卫生清洁。吸尘器的吸附力决定了地面的清洁度，对于地面上长时间累积的污垢，希望增加吸附力来改善清洁效果。

2. 问题识别

从应用背景可以看到，这个问题是效应不足的问题，可以应用物场分析方法来分析求解。

3. 问题分析

建立物场模型，如图 8-21 所示，S_1 代表灰尘，S_2 代表吸尘器，F_1 代表机械场（吸力场）。该模型属于效应不足模型。

效应不足物场模型的一般求解方法有三种：引入第二个场（解法 4）；引入第二个场和第三种物质（解法 5）；引入第二个场或第二个场和第三种物质，代替原有场或原有场和物质（解法 6）。

4. 问题求解

根据解法 4 的提示，引入一个场，该场可为机械场或电磁场等，这里采用机械场拟在吸气口处增加一辅助清扫装置（机械场），对地面上的顽固灰尘进行预处理。

根据解法 5 的启示，拟增加第三种物质。第三种物质往往与第一种或第二种物质有联系。将吸尘器吸入的污浊空气经过滤后循环利用，并作为物质 S_1 的同类物使用，对累积的污垢进行强吹。其相应的物场模型如图 8-22 所示。其中，F_2 代表机械场（风力场），S_3 代表过滤后的空气。

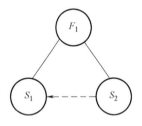

图 8-21　物场模型

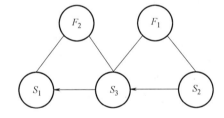

图 8-22　改进后的物场模型

考虑吸尘器内部的实际结构，改进前，吸尘器吸入的浑浊空气经过滤装置过滤后，由排气装置将空气排出吸尘器外。改进后需要对其进行循环利用，辅助吹动场面污垢。

5. 方案评价

对上述两种方案思路进行比较，并进行综合，得到最终的解决方案：包含一个吸气口和一个空气循环机构，在吸气口下方安装一个滚筒清洁头，可随传动装置一起滚动，并将其做成柔性扦插式结构，便于取出清洗。污浊的空气经吸气口吸入并过滤，过滤后的空气回流到排气管内，经吸气口内壁上开出的若干空气喷射口喷出，从被清洁表面上移走灰尘。同时，在清洁器机壳附近对被清洁表面的一部分进行密封，防止灰尘被空气射流驱散到外面，如图 8-23 所示。

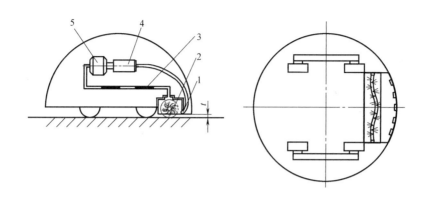

图 8-23 吸尘器改进后的原理图
1—吸气口 2—滚筒清洁头 3—吸气管道 4—空气过滤器 5—吸气泵

8.7 多功能椅子的创新设计

1. 应用背景

传统椅子的结构如图 8-1 所示，其结构简单，功能单一，有时作为增高的工具，以满足人们临时登高进行室内维修的需求，但登高范围有限，因而希望椅子既能坐，又能辅助登高。

2. 问题识别

这个问题属于增加功能的问题，可以采用发明技巧中的"珠联璧合"或拓展分析与变换来求解。

3. 问题分析

利用"珠联璧合""一应俱全"发明技巧，设计一种兼具梯子和椅子的功能的多功能椅子。

4. 问题求解

根据上述发明技巧，提出以下两种方案：

（1）方案 1 在现有实木椅子的基础上，利用椅子的底部空间（因为实木椅子的底部有很大的空间），在这个空间设计一个梯子结构。如图 8-24a 所示，当需要使用梯子的时候只需将限位钉拔出，然后将梯子沿着连接销轴的轴线旋转即可以得到一个梯子，如图 8-24b 所示。

（2）方案 2 将椅子中间分为两部分，由铰链连接起来。将椅背旋转后得到四层梯子，它是由木块和方管组成的，结构简单、安装方便，如图 8-25 所示。

5. 方案评价

对上述方案进行优度评价（具体过程略），选择方案 2 作为实施方案，在此基础上进行具体设计。

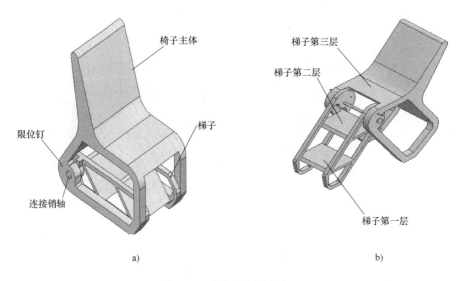

图 8-24　多功能椅子方案 1

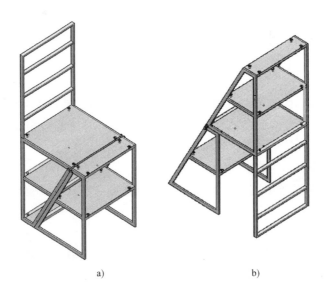

图 8-25　多功能椅子方案 2

8.8　石块搬运车的创新设计

1. 问题背景

石板路是一种常见的道路，在公园、小区和学校等地随处可见，铺路所用石板的重量通常是几十斤到上百斤，搬运这些沉重的石板是很困难的，如图 8-26 所示。

过去，人们通常采用以下搬运方法：使用带有绳子的扁担搬运石板（图 8-27a），几个人合作用勾爪抬起石板（图 8-27b）。

搬运方法的不足：绳子在搬运过程中容易磨损，如果搬运途中突然断裂，有可能使工人受伤；需要多个工人使用勾爪才能稳定地搬运石板；扁担搬运和勾爪搬运的劳动强度大，效率低。

为此，研究新型石板搬运器械具有重要的意义。新型石板搬运器械的研发，能有效减轻工人的劳动强度，提高搬运效率，有很好的发展前景。该器械将抓取装置与手推车相结合，缩短了搬运步骤，在提高搬运效率的同时，利用杠杆机构减轻了工人的劳动强度。

图 8-26 石板路的铺设

a)   b)

图 8-27 工人搬运石板场景

2. 问题识别

（1）大块石板搬运中存在的主要问题　石板质量大，需要多个工人合作才能搬得动，而现有的搬运方式劳动强度大，效率低，使用时间长了容易出现事故。大型器械的使用成本高，施工空间受到限制，难以满足不同状况下的需求。

（2）现有解决方案

1）手推车。手推车在工地上随处可见，可以搬运各种大小的物体，搬运时只需要将东西搬到放置板上，即可推动手推车将其送往指定位置。

2）叉车。叉车是工厂中很常见的一种搬运工具，搬运时只需要将叉子移动至货物的下方，利用液压或者其他方式使叉子向上抬起即可抬起货物，然后通过把手或者转盘控制叉车，将货物运送至指定位置。

（3）仍存在的问题和不足　搬运时需要手动将石板搬到手推车或者叉车上，运送至指定位置后也需要手动卸货；叉车使用成本较高，且需要额外的动力源；工人的劳动强度没有得到较大的改善。

通过上面的问题描述、现有解决方案及仍存在的问题和不足，识别出的问题是：主要是两个物质间的相互作用，即物质场问题。由此根据物场分析方法建立手推车与石块的物-场模型，如图 8-28 所示。

3. 问题分析

从物-场模型可以看到，这是一个效应不足模型。主要问题是使用手推车搬运石板时需要人工搬上和搬下，非常不方便，即手推车对石板搬运的效应不足，需要进行改善。

4．问题求解

对于这种效应不足的物-场模型，TRIZ 理论给出了三种一般解法：第一种是用 S_3（F_2）代替 S_2（F_1）；第二种是加入 F_2 强化有用效应；第三种是加入 S_3 和 F_2 提高有用效应。根据第三种一般解法的提示，可加入 S_3 和 F_2 改善将石板搬上和搬下手推车的问题，得到如图 8-29 所示的改进物-场模型：

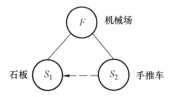

图 8-28　手推车与石块的物场模型

根据改进后的物-场模型，在使用手推车的基础上，增加了简易搭爪机构，大大提高了将石板搬上和搬下手推车时的效率，从而提高了手推车的有用效应。其结构方案简图如图 8-30 所示。

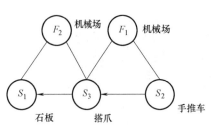

图 8-29　改进后的手推车搬运石板物-场模型

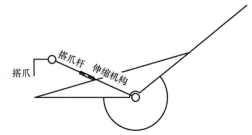

图 8-30　石板搬运车初步设计方案

搭爪铰接在手推车的车轴两侧，能够绕车轮轴旋转，搭爪杆可在螺旋机构的作用下伸缩，手推车头部压低楔入大石块的内侧，再用搭爪卡住外侧，收缩搭爪，将石板拉入手推车，之后推动手推车将石板搬运到预定位置。卸石板时，将搭爪顶住石板内侧，伸长搭爪杆，将石板推出小车，如图 8-31 所示。

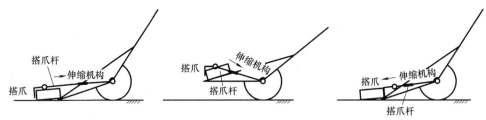

图 8-31　石板搬运车的搬运过程

这种方案虽然降低了将石板搬上、搬下手推车的劳动强度，但仍存在操作繁琐的不足，需要继续改进。下面采用功能分析与裁剪的方法进行改进。

首先建立组件模型。对上述石板搬运车的初步结构方案进行系统功能分析。石板搬运车主要分为手推车和搭爪机构两大部分。手推车主要由车斗、把手、车轮、车轮轴组成；搭爪机构则包括搭爪、搭爪杆、伸缩机构。对石板搬运车系统有影响的是操作者（人），作用对象为石板。据此建立组件模型，如图 8-32 所示。

图中矩形框为系统组件，六菱形框为超系统组件，圆角矩形框为作用对象。

然后建立结构模型。结构模型是基于组件的模型，用于描述系统各组件之间的相互作用关系，如图 8-33 所示。

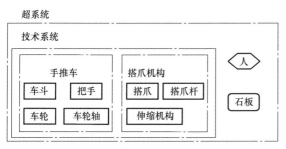

图 8-32 石板搬运车组件模型图

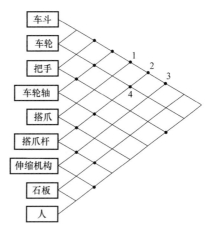

图 8-33 石板搬运车
结构模型

对图 8-33 中的点 1~点 4 处做进一步分析，由于搭爪杆铰接在车轮轴上，可能会挤压到车轮侧面，这三者间将产生相互作用，见表 8-8。

还有多处存在有害效应，在此不一一列举。

在明确组件结构的基础上，建立功能模型。即采用规范的功能描述方式表达各组件间的相互作用关系，将这些功能关系全部表达出来便形成了系统功能模型图，如图 8-34 所示。

表 8-8 部分结构表

名　　称	功　能	功 能 属 性			
		充分	不足	过渡	有害
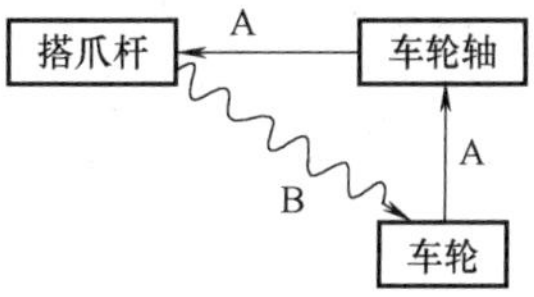 搭爪杆 —A→ 车轮轴，B 车轮	A	支撑	√			
		—	—	—	—	—
	B	挤压				√
		—	—	—	—	—

最后，进行系统裁剪。如图 8-34 所示，带箭头的波浪线代表有害，带箭头的虚线代表不足效应。根据 TRIZ 理论的提示，采用系统裁剪法对该系统中价值较低的组件进行裁剪，消除其中的有害功能，在降低成本的同时保留原有的有用功能，提高系统的理想度。

对于系统裁剪法，TRIZ 给出了四种实施策略，具体见第五章。这里考虑采用策略三，将具有有害功能的车斗、伸缩机构等裁剪掉，控制搭爪的功能由把手完成，裁剪后的功能模型如图 8-35 所示。

根据裁剪后的功能模型，搭爪改为两个夹爪，搭爪杆改为两根夹紧支杆，再对搬运车的结构方案进行进一步优化，建立了以下几种方案。

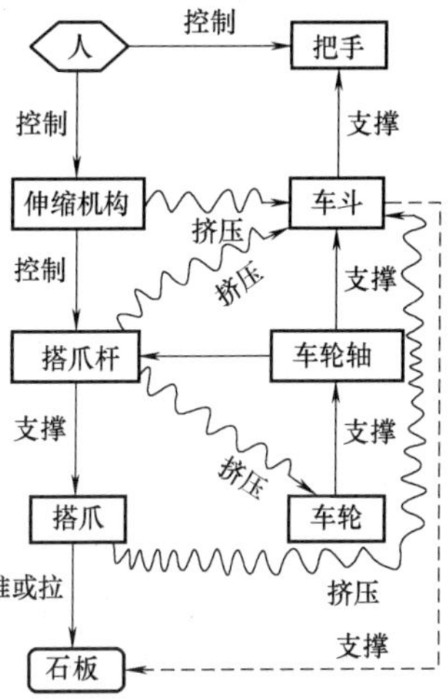

方案 1：如图 8-36 所示，把手与夹紧支杆、前端夹爪固

图 8-34 石板搬运车系统功能模型

连，并与车轴铰接。后端夹爪通过夹紧支杆固连在车轮轴上，通过转动把手，使前端夹爪上移，缩短两夹爪间的距离，夹紧石板，并将石板提离地面。推动把手，转动车轮，移动石板，到达预定位置后反向转动把手，前端夹爪下移，两夹爪间的距离增大，松开石板，完成一次石板搬运。

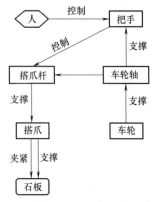

图 8-35 裁剪后的石板搬运车功能模型

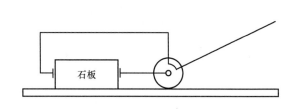

图 8-36 石板搬运车方案一

方案 2：如图 8-37 所示，在车轮轴上固定一个底板，底板上固接一个带铰链的支座，夹紧支杆与后端夹爪固接，把手与夹紧支杆铰接，把手与底板上的支座铰接，前端夹爪通过夹紧支杆固连在车轮轴上。通过转动把手，使后端夹爪水平前移，缩短两夹爪间的距离，夹紧石板；进一步转动把手，就能将石块提离地面。推动把手，转动车轮，移动石板，到达预定位置后，反向转动把手，后端夹爪水平后移，两夹爪间的距离增大，松开石板，完成一次石板搬运。

方案 3：如图 8-38 所示，把手与夹紧支杆、后端夹爪固连，并与车轴铰接，前端夹爪通过夹紧支杆固连在车轮轴上。通过转动把手，使后端夹爪上移，缩短两夹爪间的距离，夹紧石板，并将石板提

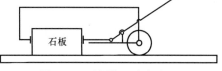

图 8-37 石板搬运车方案二

离地面。推动把手，转动车轮，移动石板，到达预定位置后，反向转动把手，后端夹爪下移，两夹爪间的距离增大，松开石板，完成一次石板搬运。

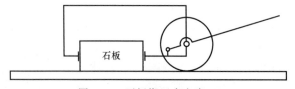

图 8-38 石板搬运车方案三

5. 方案评价

（1）确定评价指标　根据前面的分析，选择结构工艺性 c_1（结构复杂程度）、工作性能 c_2（工作是否可靠）和新颖性 c_3（创新程度）作为评价指标。

（2）确定权系数　建立调查问卷，对搬运机械相关公司研发部的设计师、行业专家和建筑工地的劳动者进行问卷调查。调查中以得分众数为主表示某个指标的重要程度。

再根据层次分析方法（AHP）得到以上评价指标在石板搬运车设计中的权重。具体做法是，由评价指标的得分众数成对比较得分，列出评价指标的判别矩阵 H，根据和积法，计算出各指标的权重，见表8-9。由表可知，工作性能的权重最大。

然后对所得到的矩阵 H 进行一致性判断，其一致性比例小于 0.1，因此，矩阵 H 的一致性指标达到了要求。

表 8-9　石板搬运车各评价指标的权重

评价指标	结构工艺性 c_1	工作性能 c_2	新颖性 c_3	W_i
结构工艺性 c_1	1	1/3	3	0.3
工作性能 c_2	3	1	3	0.59
新颖性 c_3	1/3	1/3	1	0.11

（3）确定各评价指标的理想度　本次调查有十个调查样本，包括广州大学机械专业的四位专家以及某建筑集团有限公司研发部的六位工程师。收集数据后，由式（6-9）计算出平均值汇总于表8-10中。

表 8-10　方案评价指标的理想度

方案理想度得分 评价指标	方案一	方案二	方案三
结构工艺性	0.9027	0.7947	1
工作性能	0.6768	1	0.6768
新颖性	0.8576	0.7834	1

（4）计算方案的理想优度　综上，三种方案关于评价指标结构工艺性 c_1、工作性能 c_2 和新颖性 c_3 的理想度分别为

$$L_{c_1} = (L_{c_1}(W_1), L_{c_1}(W_2), L_{c_1}(W_3)) = (0.9027, 0.7947, 1)$$
$$L_{c_2} = (L_{c_2}(W_1), L_{c_2}(W_2), L_{c_2}(W_3)) = (0.6768, 1, 0.6768)$$
$$L_{c_3} = (L_{c_3}(W_1), L_{c_3}(W_2), L_{c_3}(W_3)) = (0.8576, 0.7834, 1)$$

方案一关于各评价指标的理想度 $L(W_1) = (0.9027, 0.6768, 0.8576)^T$；方案二关于各评价指标的理想度 $L(W_2) = (0.7947, 1, 0.7834)^T$；方案三关于各评价指标的理想度 $L(W_3) = (1, 0.6768, 1)^T$。

根据式（6-10）可以得到各方案的理想优度为：方案一，$Y(W_1) = \alpha L(W_1) = 0.764$；方案二，$Y(W_2) = \alpha L(W_2) = 0.91$；方案三，$Y(W_3) = \alpha L(W_3) = 0.809$。

对比三个理想优度，选择方案二作为最终方案，进行具体结构设计：夹爪机构的前端有两根空心的直角钢管，前端的夹爪通过螺钉安装在直角钢管下端的安装板上。车架是空心的 U 形钢管，设有多个螺栓孔，直角钢管通过这些螺栓孔与车架相连接，通过改变连接的螺栓孔，可以适应不同规格的石板，如图8-39所示。

通过增大夹爪的尺寸，可以一次性搬

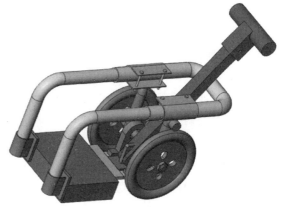

图 8-39　石板搬运车模型

运多块石板。

具体使用步骤是，空载时压动把手，使其绕车轮轴逆时针旋转 U 形钢管中段后，继续压动把手即可抬起前端的直角钢管，而后端的夹爪随着把手前端的抬起而远离地面，然后便可推动石板搬运车。工作时，将石板搬运车移动至石板附近，将两边的夹爪对应到石板两侧，压动把手即可将其夹紧并抬起，运送到指定位置后，松开把手即可将石板放下，如图 8-40 所示。

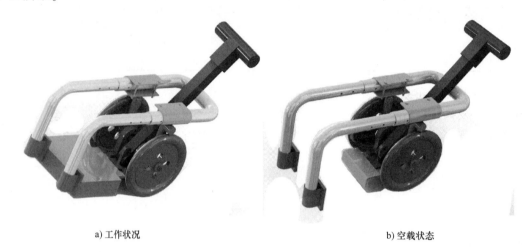

a) 工作状况   b) 空载状态

图 8-40　石板搬运车的两个状态

8.9　稻谷收集车的创新设计

1. 应用背景

晒干稻谷是农村秋收后的重要工作之一。但是，晒谷容易收谷难，把晾晒好的稻谷收集起来并放到袋子里是一件麻烦事，尤其是在突然下雨时，农民希望能快速收集稻谷，以避免其被淋湿。因此，设计出能够快速收集稻谷的工具（稻谷收集车）对农民来说非常重要。

2. 问题识别

稻谷收集车的作用是协助农民完成收谷动作，这是一个功能实现问题。

3. 问题分析

目前，农民大多使用传统的铲斗和畚箕组合收集稻谷，如图 8-41 所示。这一过程分为两步：先用铲斗将稻谷集中到一处，然后用畚箕把稻谷收集到袋子或竹筐里。即先后完成稻谷的铲集与装袋两个动作（功能标准化为铲集谷物于铲斗内，移动谷物至袋中）。根据这些动作要求，进行功能导向搜索，采用相应机构来实现。

4. 问题求解

针对这两个动作，进行功能导向搜索与资源分析，找到相应的机构实现子功能，见表 8-11，然后对这些子功能进行组合，实现总功能。

图 8-41 传统的稻谷收集方法

表 8-11 稻谷收集车方案设计的形态学矩阵

功 能 因 素		功能解(形态)			
		1	2	3	4
A	铲集谷物	推动铲斗	拉动铲斗	真空吸取	吹入
B	移动谷物	升降导入	旋转导入	气管导入	夹入

根据形态学矩阵,下面给出两种方案。

(1)方案 1 把手固结一个带后流道的大铲斗,中部与车架铰接,车架装有滚轮与固定尼龙袋的框架。推动车架,大铲斗铲集地面上的谷物,收集满铲斗后,向后拉把手,把手旋转,大铲斗中的谷物沿铲斗尾部流道导入固定车架后框架上的尼龙袋(或竹筐)内,如图 8-42a 所示。

(2)方案 2 铲斗与车架由滑轮连接,顶部有绳索绕过车架支杆顶端的定滑轮,铲斗后底部有一个活动门,当铲斗铲集满谷物后,拉动绳索,带动铲斗上升到车架中部平台,再退后一定位置,打开铲斗后底部的活动门,谷物流入车架后部固定的尼龙袋内,如图 8-42b 所示。

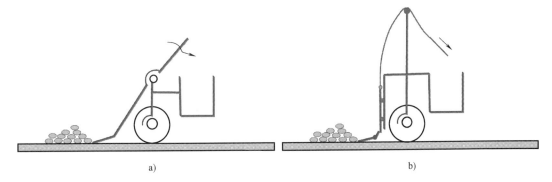

a)   b)

图 8-42 稻谷收集车方案

5. 方案评价

对上述方案进行理想度评价(评价过程略),选择方案 1 实施,结构模型如图 8-43 所示。稻谷收集车整体框架采用稳定性好的铝型材组合而成,中间设置有安放稻谷的竹筐,前端设置有收集装置。使用时推动稻谷收集车收集稻谷,然后握住收集装置上端的横杆,将收集装置沿顺时针方向转动即可将收集到的稻谷装入竹筐里。

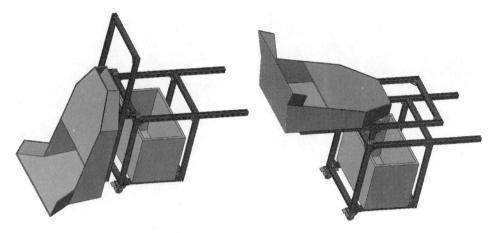

图 8-43　稻谷收集车模型

 练一练

1. 请结合老年人长距离行走需要中途休息而无法及时找到座椅的情况，按 IASE 流程设计一种老年人随时能坐的工具。

2. 请结合自行车上坡不便的问题，创新设计一种新的自助式上坡工具。

3. 请结合节能减排的要求，创新设计一种洗菜、洗衣废水再利用装置。

4. 试针对日常用品（如胶水、排插、台灯等）存在的不便，按 IASE 流程创新设计一种能解决前述问题的用具。

5. 试对教室用品（如座椅、讲台、黑板等）进行创新，提出完整的改进方案。

6. 试按 IASE 流程，对水果（任选）采摘装置进行创新设计，给出详细的方案。

7. 试按 IASE 流程，对室内健身装置（任选）进行创新设计，给出详细的方案。

8. 以智慧家庭为主题，设计一种智慧型用具，解决生活中的不便，并按 IASE 流程给出详细方案。

9. 试针对独居老人生活不便的问题（如起床、上楼、如厕、购物等，需根据情况调研），设计一种辅助装置，要求结构简单、功能满足特定要求。

10. 试对特定灾害（如台风、冰冻、地震、暴雨等），设计一种救灾或防护工具，要求实用、结构简单。

参 考 文 献

［1］ 江帆. TRIZ 创新应用与创新工程教育研究［M］. 北京：北京理工大学出版社，2013.

［2］ 江帆. TRIZ 与可拓学比较及融合机制研究［M］. 北京：北京理工大学出版社，2015.

［3］ 江帆. 机械原理［M］. 北京：机械工业出版社，2013.

［4］ 张明勤，范存礼，王日君，等. TRIZ 入门 100 问：TRIZ 创新工具导引［M］. 北京：机械工业出版社，2012.

［5］ JIANG F. Application idea for TRIZ theory in innovation education［R］. Proceedings of the 5th International Conference on Computer Science & Education.

［6］ JIANG F, ZHANG C L, WANG Y J. Study on teaching methodology of the TRIZ theory［R］. 2010 International Conference on Education and Sports Education.

［7］ JIANG F, YU J, LIANG Z W, et al. The plan research on the mechanical foundation experiment system combined with TRIZ theory［R］. 2010 International Conference on Education and Sports Education.

［8］ JIANG F, ZHANG C L, XIAO Z M. Study on innovative training system in local university based on TRIZ theory［R］. Lecture Notes in Electrical Engineering.

［9］ 江帆. TRIZ 工程创新教育理论初探［J］. 井冈山大学学报自然科学版，2011，32（2）：123-126.

［10］ 江帆，孙骅，胡一丹，等. 基于 TRIZ 理论的机械基础创新实验教学体系的构建［J］. 装备制造技术，2010（2）：190-192.

［11］ 江帆，孙骅，庾在海，等. 基于 TRIZ 理论机械原理实验教学实施策略研究［J］. 理工高教研究，2010，29（3）：108-110.

［12］ 江帆，孙骅，王一军，等. TRIZ 理论在机械原理实验教学管理中的应用［J］. 实验科学与技术，2010，8（2）：140-143.

［13］ 江帆，等. 基于 TRIZ 理论的滚筒球磨机密封结构创新设计［J］. 矿山机械，2010，38（5）：70-72.

［14］ 江帆，等. 基于 TRIZ 理论的教学仪器——汽车气体污染测试舱设计［J］. 现代制造技术与装备，2010. 2：10-11.

［15］ JIANG F, et al. Design of 3D acceleration sensor based on TRIZ theory［J］. Sensor Letter, 2013, 11（12）：2257-2263.

［16］ JIANG F, et al. Collection mode optimization of casting dust based on TRIZ［J］. Advanced Materials Research, 2010（97-101）：2695-2698.

［17］ JIANG F, et al. Design of the soymilk mill based on TRIZ theory［J］. Advance Journal of Food Science and Technology, 2013, 5（5）：530-538.

［18］ JIANG F, et al. The Application Mechanism of TRIZ in CDIO Mechanical Theory Teaching［J］. Advanced Science Letters, 2012, 12（6）：367-371.

［19］ 江帆，王一军，胡一丹. 基于 TRIZ 理论的机构创新设计实例分析［J］. 广州大学学报（自然科学版），2013，12（1）：75-60.

［20］ 江帆，杨鹏海. TRIZ 理论与可拓学的融合方法研究［J］. 广州大学学报（自然科学版），2014，13（6）：59-53.

［21］ 江帆，方伟中，岳鹏飞，等. 基于 TRIZ 与可拓学的半自动手推叉车设计［J］. 广州大学学报，2016，15（2）：76-80.

［22］ 江帆，等. 基于可拓学的 CDIO 教学管理研究［J］. 教学研究，2013，36（5）：39-41.

[23] 江帆，方伟中，岳鹏飞. 基于理想优度的包装升降装置运动方案设计 [J]. 包装工程，2016，37（7）：11-15.

[24] 成思源，周金平，郭钟宁. 技术创新方法：TRIZ 理论及应用 [M]. 北京：清华大学出版社，2014.

[25] 阿奇舒勒. 创新 40 法：TRIZ 创造性解决技术问题的诀窍 [M]. 成都：西南交通大学出版社，2004.

[26] 周苏，陈敏玲. 创新思维与科技创新 [M]. 北京：机械工业出版社，2016.

[27] 檀润华. TRIZ 及应用：技术创新过程与方法 [M]. 北京：高等教育出版社，2010.

[28] 孙永伟，伊克万科. TRIZ：打开创新之门的金钥匙 I [M]. 北京：科学出版社，2015.

[29] 杨春燕，蔡文. 可拓学 [M]. 北京：科学出版社，2014.

[30] 杨春燕. 可拓创新方法 [M]. 北京：科学出版社，2014.

[31] 江帆，黎斯杰. 今天你创新了吗：TRIZ 创新小故事 [M]. 北京：知识产权出版社，2017.

[32] 江帆，陈江栋. TRIZ 王国游历记 [M]. 北京：知识产权出版社，2019.

[33] CHEN J D, JIANG F, XU Y C, et al. Design and analysis of a compliant parallel polishing toolhead [J]. Advances in Mechanical Design, Mechanisms and Machine Science, 2017, 55: 1291-1307.

[34] 江帆，陈江栋，萧仲敏，等. 面向机械原理课程的 TRIZ 进化创新案例分析//课程报告论坛 [C]. 北京：高等教育出版社，2018.

[35] 江帆，萧仲敏，吴文强，等. 基于可拓学的机械原理教具设计 [J]. 广东教育装备，2018，（10）：39-42.

[36] 江帆，萧仲敏，吴文强，等. 基于可拓共轭的实验室安全管理研究 [J]. 实验技术与管理，2018，35（12）：259-262.

[37] 江帆，张春良，王一军，等. 拓展分析方法在机械设计教学中的应用 [J]. 机械设计，2018，35（7S2）：206-209.

[38] JIANG F, CHEN J D, XIAO Z M, et al. Study on the innovation and entrepreneurship curriculum system for graduates based on Extenics [J]. Advances in Social Science, Education and Humanities Research, 2018, 176: 1110-1114.

[39] JIANG F, XIAO Z M, WU Q F, et al. Online teaching design for innovation and invention courses [J]. Advances in Social Science, Education and Humanities Research, 2018, 176: 1110-1114.

[40] JIANG F, ZHANG C L, WANG Y J, et al. Study on the thinking expand method in the mechanism theory teaching [R]. The 11th International Conference on Computer Science & Education.

[41] 江帆，凌程祥. 基于可拓学的船用海水淡化装置的喷射器设计 [J]. 水处理技术，2015（12）：122-125.

[42] 江帆，陈玉梁，陈江栋，等. 基于 TRIZ 与可拓学的盘类铸件打磨方案设计 [J]. 广东工业大学学报，2019，36（2）：1-6.

[43] 江帆，卢浩然，陈玉梁，等. 基于 TRIZ 与可拓学的可变面积方桌设计 [J]. 广东工业大学学报，2019，36（2）：7-12.